大学问

始于问而终于明

守望学术的视界

栖居于大地之上

HABITER LA TERRE

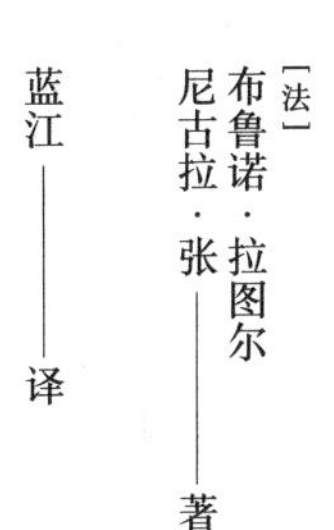

[法] 布鲁诺·拉图尔 尼古拉·张——著
蓝江——译

GUANGXI NORMAL UNIVERSITY PRESS
广西师范大学出版社
·桂林·

栖居于大地之上
QIJU YU DADI ZHI SHANG

HABITER LA TERRE / by Bruno Latour & Nicolas Truong /
ISBN: 979-10-209-1153-7

著作权合同登记号桂图登字：20-2024-059 号

图书在版编目（CIP）数据

栖居于大地之上 /（法）布鲁诺·拉图尔，（法）尼古拉·张著；蓝江译. -- 桂林：广西师范大学出版社，2024. 8. -- （后人学译丛 / 蓝江主编）. -- ISBN 978-7-5598-7183-1

Ⅰ. Q14-02

中国国家版本馆 CIP 数据核字第 2024NK0434 号

广西师范大学出版社出版发行

（广西桂林市五里店路 9 号　邮政编码：541004
网址：http://www.bbtpress.com）

出版人：黄轩庄

全国新华书店经销

广西广大印务有限责任公司印刷

（桂林市临桂区秧塘工业园西城大道北侧广西师范大学出版社集团有限公司创意产业园内　邮政编码：541199）

开本：720 mm ×1 010 mm　1/32

印张：5.375　　字数：69 千

2024 年 8 月第 1 版　　2024 年 8 月第 1 次印刷

印数：0 001~6 000 册　　定价：49.00 元

“后人学译丛”总序

我们如此彻底地改变了环境，以致现在我们必须改变我们自己。

——诺伯特·维纳

我们或许正处在一个新技术变革的前夜，我们看到了ChatGPT和Midjourney等新一代人工智能产品的出现，惊叹于它们正在以神乎其技的能力，将人与非人的边界变得越来越模糊，人类在世界上的独特地位似乎在一夜之间遭到了前所未有的挑战。此外，生物技术，尤其是基因技术、胚胎技术、克隆技术的发展，让人类生命变得具有多样性。机械和自动化技术，也试图弥补人类留下的不足，譬如，利用特定的色彩频谱分辨器，来帮助色盲人士辨别出普通人能分辨的颜色。埃隆·马斯克宣布的在猴子身上做的脑机互联实验，让人们看到原来在哲学和心理学上相对独立和封闭的自我意识的神秘大门，也在一步步被打开，成为可以被人类技术掌控和改进的领域。还有数码化的智能增强、智能环境、无人驾驶等新一代技术革命，仿佛正在做出下一个时代的宣言。无论这些技术多么炫目，仍有一个需要慎重对待的问题，摆在我们每一个拥有有机身体的人面前：在巨大的技术革新面前，人类何去何从？

面对这样的问题，我们已经不能像二十世纪八九十年代智能技术刚刚兴起时那么轻松。在控制论之父诺伯特·维纳看来，今天的人类，似乎已经不能完全适应新技术的发展，当技术突飞猛进的时候，我们面前有一个天然的屏障，即我们总是通过这具肉身去感知和理解世界，一旦这具肉身成为我们面对新技术革命的最后障碍，那么这是否意味着人类本身也需要进行技术改造？就像安德鲁·尼科尔的电影《千钧一发》（*Gattaca*）一样，那些被基因工程改造过的新人类才是那个时代的正常人，没有能力得到基因改造的自然人反而成为这个世界上的残次品。

当然，除基因改造之外，通过技术融合的赛博格（Cyborg）也成为人文学术界关心的重要议题，这不仅体现为美国理论家唐娜·哈拉维（Danna Haraway）在1983年发表了著名的《赛博格宣言》（*The Cyborg Manifesto*），而且体现为赛博格成了各种科幻作品的主题。例如日本著名导演押井守在1995年将士郎正宗的同名漫画《攻壳特工队》（*Ghost in the Shell*）改编成动画电影，鲁伯特·山德斯于2017年将其改编成真人版电影，其故事情节就是随着通信网络技术和人体电子机械化技术突飞猛进，赛博格人类变得越来越流行。无论是犯罪还是警方的追捕都需要建立在这种新的赛博格技术上。

随着这些技术的迅猛发展，我们不得不扪心自问一些问题。例如，经过基因改造和电子机械化的人类还是人类吗？倘若如此，人类是否还具有存在的独特性，是否仍然占据着凌驾在其他物种之上的优势地位？我们如何与这些非人生命和种族共存？诸如此类的问题，不仅仅成为艺术家和小说家日渐关心的主题，也成为理论家和思想家不得不面对的问题。对于这些问题，我们大致可以总结为如下几点：

1. 人与非人的界限

在阿甘本的《敞开：人与动物》（*The Open: Human and Animal*）中，阿甘本就借用了末世怪兽的形象，说明了人与非人之间的界限将逐渐变得模糊。特别是当他运用德国生物学家冯·尤克斯考尔（Von Uxküll）关于环世界（Umwelt）的研究时，他发现人的存在不仅在于自己的内在生命，而且在于通过某种外在的技能，将自己纳入一个环世界之中，环世界不同于外在世界，它是让人类得以栖居的设计，人类倚靠自己的技能和技术，筑造了我们的现代世界。不过，一旦这种技术不仅仅由人类完成，其他的非人生命，如人工智能也参与这个过程，那么我们是否可以断定这个世界仍然是人类本身的世界，是按照人类本身的身体条件筑造的世界？如果由非人类筑造的世界反过来要求人类的身体和基因与之相适应，并不得不改造自己的身体和器官，那么人类是否还像法国哲学家梅洛-庞蒂描述的那样，通过身体来建立一个世界的意义？在奈飞（Netflix）的系列动画片《爱，死亡和机器人》（*Love, Death & Robots*）第二季的第一集中，人类生活在一个高度智能化的未来环境中，但人类能安逸地生活在其中的前提是，能够被后台的智能系统识别成有资格的生命体，一切没有被识别的生物，都会被瞬间消灭掉。那么，这种表面上的安逸实际上与我们的身体被迫适应后台的智能系统是对应的。在这种情况下，人类是自己生活于其中的主体，还是被智能系统豢养的宠物？这实际上都需要我们认真地思考。

2. 生命与后人类

在后人类的诸多问题中，最核心的当然就是生命问题。法国哲学家乔治·康吉莱姆（George Canguilem）在其名著《正常与病态》（*Le normal et le pathologique*）中指出，生命从来不是在安逸舒适的情形下绵延，相反，病态才是真正生命的开端，生命是在环境变动下的适应能力。简言之，通过康吉莱姆，我们理解了生命从来不是静态的，而是不断在变动中演化。比如新出现的病毒，当然会给人带来致命的威胁，我们一旦不是以单个生命，而是以整个人类为对象，就会发现，在大的疫情过后，人类建立起了对这种特有病毒的免疫机制。在这个情况下，我们可以发现，相对于病毒出现之前，人类的生命机制发生了进化。这样，在今天的人类和所谓后人类之间也没有那么清晰的界限，因为所有的人类都会在技术发展的过程中表现出进化，而且人类也会根据自己的目的来进行特定的进化。

3.后人类的技术进化

这个问题是后人学（post-humanities）的核心问题，因为根据上述问题，我们应该将人类看成不断生成和进化的物种，那么，人类的身体改造和进化，本身就囊括在人类学之中。人类需要改造自己的身体，就跟人类要使用机器一样，这正是一种技术进步的要求。一个多世纪之前，人们会认为铁路的修建会破坏风水龙脉，而今天高铁已经成为我们必备的交通工具。或许，某种机器外骨骼，经过机器改造的数字视网膜，甚至经过智能加强的大脑，会成为未来人类的必要工具。法国哲学家贝尔纳·斯蒂格勒（Bernard Stiegler）在其《技术与时间》（*La technique et le temps*）第四卷中提出，未来技术性的体外进化，会逐步取代人类本身的生物性的体内进化，人类更是通过生物技术、通信技术、数字技术、智能技术等改造和进化的新人，在今天的人类看来，这些新人就是后人类的赛博格。

我们可以将上述的这些问题，统一归结为后人学问题。这不仅是对唐娜·哈拉维、布拉多蒂、海耶斯等人提出的后人学问题的回应，也是从当代中国智能技术、生物技术和数字技术的发展出发，思考这些技术带来的冲击。这些技术的冲击不仅仅体现在纯粹技术层面，也深刻地改造着我们的哲学、社会学、文学、艺术学、教育学、政治学等诸多人文社会科学领域。因此，编辑这样一套丛书，对于当今许多中国学者来说，也是他们的兴趣所在。在此，我们希望通过引入一批在国内具有影响力的后人学著作，结合中国当下的处境，给人们一种借镜，来创建中国自己的后人学知识体系。这是一个十分宏大的理论任务，需要理论界、出版界，甚至大众传媒通力协作，来面对后人学带来的挑战。

蓝江
2023年3月于仙林

‡ 目录

序　言

尼古拉·张

他渴望自己的思想得到流传和解释。这也是为了解释他自己。在某种程度上，他所探讨的多样而分散的问题，似乎让人们无法琢磨其思想的连贯性。在巴黎的公寓里，布鲁诺·拉图尔用朴实无华的语言，带着喜悦，铿锵有力地接受了这一系列访谈。在访谈中，他的言辞既十分迫切，又抚慰人心。在这个访谈的现场，他有一种紧迫感。这次访谈信息如此密集，且言简意赅，似乎他在安排着一切。他关注的问题十分清晰，他的对话幽默风趣，他的言辞如同表演的艺术。仿佛随着他临终一刻的临近，一切都变得如此透彻。布鲁诺·拉图尔于2022年10月9日去世，享年75岁。他是同代人中最重要的法国知识分子之一。2018年10月25日，《纽约时报》写道："他是法国最负盛名的哲学家，也是被误解最多的哲学家。"

拉图尔在国外享有盛誉，他的研究成果曾荣获霍尔贝格奖（2013年）和京都奖（2021年）。不得不说，他的研究涉及几乎所有知识领域：生态学、法律、现代性、宗教，当然还有科学技术，他对实验室生活的研究具有原创性，并具有轰动世界的影响力。

除米歇尔·塞尔（Michel Serres）（拉图尔曾与他共同撰写过一本访谈录《澄明》[*Éclaircissements*]）之外，法国的哲学往往与科学思想和科学实践保持着距离。

社会学家布鲁诺·卡森提（Bruno Karsenti）曾回忆道："他是第一个意识到政治思想问题的

关键在于生态问题的人。”1999年出版的《自然的政治》(*Politiques de la nature*)就是证明，该书的思路与米歇尔·塞尔的《自然契约》(*Le Contrat naturel*，1990)一脉相承。

一、反传统的社会学家

但毫无疑问，正是两本以提问形式发表的生态学专著《着陆何处?》(*Où atterrir?*，2017)和《我在何方?》(*Où suis-je?*，2021)，让公众更广泛地了解了这位特征鲜明的社会学家。

他于1947年6月22日出生于博讷(黄金海岸)的一个资产阶级大酒商家族，现在已成为当代最有影响力的哲学家之一，激励着新一代知识分子、艺术家和活动家去拯救各种生态灾难。

正如哲学家伊莎贝尔·斯唐热(Isabelle Stengers)在《拉图尔—斯唐热，比翼双飞》(*Latour-Stengers, un double vol enchevêtré*，2021)一书中所记述的那样，拉图尔与斯唐热在思想上长期保持着友好的交流，自“盖娅入侵”（l'intrusion de Gaïa）[1]以来，拉图尔从未停止过对我们所处的“新气候体制”的思考（《面对盖娅》[*Face à Gaïa*]，2015）。他解释说，自从人类进入人类世（Anthropocene），人类已成为一种地质力量，“我们的世界已经被彻底改变”。他断言，“我们不再栖居在同一个地球上”。

从十七世纪开始，现代人认为自然与文化、客体与主体之间的分离已经实现。他们认为，“非人”（non-humains）是与我们格格不入的事物，尽管他们一直在与之互动。正是在这个意义

1 2009年，斯唐热出版了《灾难时刻》（*Au temps des catastrophes*）一书，其实她原先为这本书起的名字是《盖娅入侵》（*L'intrusion de Gaïa*）。斯唐热自己对“盖娅入侵”的解释是：“盖娅是一种前所未有的或被我们遗忘的超越性形式的名称。盖娅是一种被剥夺了高贵品质的超越性，这种品质使它可以被视为仲裁者、保障者或资源；它是一种与我们的理性及我们的计划格格不入的敏感力量的集合……在我们生活的中心处，‘盖娅’让所有的存在都面临着一个巨大的未知境况，这种未知境况将持续存在。”参见 Isabelle Stengers，*In Catastrophic Times*：*Resisting the Coming Barbarism*，trans. Andrew Goffey. London：Open Humanities Press.，p. 47。——中译注

上，拉图尔在其著作《我们从未现代过》（*Nous n'avons jamais été modernes*，1991）中宣称，“我们从未现代过”。

二、生命体创造其生存的条件

不过，拉图尔说道，有一项发现也许“如同伽利略在他的时代的发现一样重要”，这就是英国生理学家、化学家和工程师詹姆斯·洛夫洛克（James Lovelock，1919—2022）在《地球是一个生命体：盖娅假说》（*La Terre est un être vivant：L'hypothèse Gaïa*，1993）一书中的发现：生命体为自己的生存创造了条件。正如微观生物逻辑学家林恩·马格里斯（Lynn Margulis，1938—2011）所证实的那样，大气层不是给定的，也不是恒定的，而是由栖居在地球上的所有生物创造出来的。

因此，我们就生活在这层薄膜上，这层薄膜覆盖着全球，一些科学家，比如地球化学家、巴黎地球物理研究所教授热罗姆·盖拉代（Jérôme Gaillardet）将其称为“临界区”（zone critique）。我们现在必须“着陆”于此，而不是去离地生活，以维持宜居条件的包络（enveloppe）。拉图尔将盖娅（Gaïa）命名为“临界区”，盖娅既是一种科学假设，也是古希腊神话中的一个女神，指的是“大地之母”，是所有神灵的母体。

我们的宇宙观也发生了变化。我们对世界和围绕在我们周围的生命的表述已不再相同。正如科学哲学家亚历山大·柯瓦雷（Alexandre Koyré）所说，伽利略革命使地球与其他天体更加接近，从而使我们“从封闭世界走向无限宇宙。伽利略将目光投向天空，洛夫洛克则将目光投向地面”。拉图尔总结道：“除伽利略的运动的地球之外，我们还必须加上洛夫洛克的变动的大地，这样才算完整。”

这就解释了为什么他的哲学能让我们以全新的方式思考生态危机。但我们同时也要采取行动，“着陆于这个新大地”。我们如何才能做到这一点呢？要通过自我描述，让每个公民“不是描述我们生活于何方，而是描述我们为何而生活”，并描绘出我们赖以生存的大地。大地是什么样子的？在法国大革命时期的“陈情表”（cahiers de doléances）中，第三等级精确地描绘了自己的生活状态，并列出了不平等现象。因此，他断言，“一个懂得描述自己的民族能够在政治上重新定位自己”。

他的方法是什么？探究。他从未停止过对其力量的确认和检验（《探究的力量》[*Puissances de l'enquête*]，2022）。作为一个务实之人和经验论者，在“黄马甲”（Gilets jaunes）运动之后，拉图尔领导了“着陆何处？”运动，在拉沙特尔（安德尔省）、圣朱利安（上维埃纳省）、里斯–奥朗吉斯（埃松省）和塞夫朗（塞纳–圣但尼省）举办了一系列自主陈情的讨论会。“你靠谁活着？”是一个核心问题，是“从无言的抱怨转变为不满”的关键，这个问题有益于建立新的联盟。

在一份调查问卷中，拉图尔展现了这种提问的艺术。他在第一次疫情封控期间推出该问卷，以自主陈情的辅助形式，吸引了大量关注，其开头的一个问题引发了许多被封控者的思考：“对于那些在疫情封控下已暂停的活动，你希望不要恢复其中哪些活动？”（《想一下恢复到危机之前的生产的各种封闭态度》[«Imaginez les gestes barrières contre le retour à la production d’avant-crise»]，*AOC*，2020年3月30日）

三、集体合作的思想

《着陆何处？》是一种基本的研究手段，就像这位集体思想家从未停止过建立的研究手段一样，就像他最近策划的两个展览一样。一次是2002年在卡尔斯鲁厄的ZKM艺术与媒体中心（展览名为“临界地带”），与奥地利艺术家彼得·魏贝尔（Peter Weibel）和“偶像破坏”组织（Iconoclash）合作；另一次是在蓬皮杜国家艺术文化中心（展览名为“你和我，不在同一行星上”），与马丹·圭奈尔（Martin Guinard）和林伊娃（Eva Lin）合作。

这些作品由装置和表演组成，其目的不是阐释某种思想或哲学，而是进行“思想实验”。它们将其他学科与艺术实践结合在一起，让我们对这种新的宇宙观进行反思。他说：“因为我不知道如何解决我自己提出的一些问题，所以我请教那些比我了解更多的专家，以及那些个性截然不同的艺术家，他们的作品让我产生了思考。”

不得不说，拉图尔是在集体和个体的协助下，以小组和团队的形式进行思考的。就像在巴黎政治学院时一样，在他担任科学院院长期间（2007—2012年），他创建了多个项目：媒体实验室（Médialab，2009年成立的跨学科实验室），旨在研究数字技术与社会之间的关系，现由社会学家多米尼克·卡丹（Dominique Cardon）领导；Speap（2010年成立的政治艺术学院），现由科学史学家兼剧作家弗雷德里克·艾伊-图瓦提（Frédérique Aït-Touati）领导，他曾执导拉图尔令人印象深刻的演讲表演《运动的地球》（*Moving Earths*，2019）。

拉图尔还发起了由社会学家尼古拉·本维努（Nicolas Benvegnu）领导的“科学与技术分析辩论图谱”（la cartographie des controverses à l'analyse des sciences et des techniques）项目，该项目旨在探索公众辩论的复杂性，并将其变得清晰可见。这些辩论杂糅着社会、空间、地理、科学问题，他最近关于外来入侵植物的辩论就是一个不错的例子。

此外，拉图尔还启动了“大地形态”（Terra Forma）项目，该项目由亚历山大·阿雷涅（Alexandra Arènes）和阿克塞尔·格雷戈瓦（Axelle Grégoire）领导，这两位年轻建筑师将景观问题与领土政策联系在一起。当然，还有前面提到的

“着陆何处?”运动，拉图尔在其中与建筑师索艾伊·哈基米尔巴巴（Soheil Hajmirbaba）和作曲家让-皮埃尔·塞沃斯（Jean-Pierre Seyvos）等人合作。

他的妻子尚塔尔·拉图尔（Chantal Latour）是一位音乐家，也是S-composition（专门从事共同创作的工作室）的协调人、中间人和艺术合作者；女儿克洛伊·拉图尔（Chloé Latour）是一位演员和导演，她与弗雷德里克·艾伊-图瓦提一起将拉图尔构思的剧本《盖娅全球马戏团》(*Gaïa Global Circus*，2013）搬上了剧院。他开玩笑说："这不是一个公司，而是一个农场，有父亲、母亲和女儿。"

四、社会并不存在

让我们观察一下拉图尔与大家共同主持的富有亲和力的小组，还有他们所举办的会议，这些会议穿插着各种戏剧和歌曲，增进了他们之间的感情，让大家一起经历了引人入胜的时刻。尽管拉图尔这位哲学家充满灵气，其思想的光芒熠熠生辉，但他从不盛气凌人，而是耐心倾听别人的意见，完全沉浸在对我们的生存条件和共同体验的探究中。

之所以说集体对他如此重要，是因为他的社会学概念，他认为社会学不是一门社会科学，而是一门共同体科学（《改变社会，重塑社会学》[*Changer de société*，*refaire de la sociologie*，2006]）。这位行动者网络理论家断言："社会不是由上层建筑维系的，集体是由集体成员共同维系的。"在社会科学的谱系中，他更接近于描述社会学（加布里埃尔·塔尔德[Gabriel Tarde]），而不是解释社会学（爱米尔·涂尔干[Émile Durkheim]）。

福柯在法兰西学院的最后一次演讲中说，我们"必须保卫社会"。拉图尔解释说，社会并不存在，它不是现成的，我们必须"将社会视为玄妙的生命之间的新的关联，它打破了属于同一个世界的舒适的确定性”。正是因为社会是不断变化的，所以社会学才需要其他学科领域和其他研究方式。因此，他的《生存方式的探究》（*Enquête sur les modes d'existence*，2012）就显得尤为重要，他在书中证明了存在多种“真理体系”。

拉图尔并非以自然主义者的身份或沉浸于大自然和荒野的方式来研究生态学。他出生于勃艮第，这无疑让他十分关注风俗和土地概念，不过他是通过科学社会学的方式来关注生态学的。在加利福尼亚州圣地亚哥的索尔克研究所，拉图尔有幸见证了内分泌学教授罗杰·吉列明（Roger Guillemin）团队发现内啡肽（endorphine）的过程。

最重要的是，他解释了“一些人为制造的场所，为什么可以被确定为已证明的事实”。拉图尔与古典认识论者相去甚远，他认为科学是一种实践，并不将自然与文化、确定性与观点对立起来。他认为，科学是由争论构成的，是由社会建构而成的（参见他的《实验室的生活：科学事实的生产》[*La Vie de laboratoire: La Production des faits scientifiques*，1979]）。

因为这种非同寻常的科学民族学（ethnologie），有人认为他是“相对主义者”，这意味着他否认科学真理的存在，而他的社会学则是“关系主义”下的理论，将理论、经验、社会和技术要素联系起来，从而获得一种特定形式的真理。

五、“过度的还原论”

对于法律和宗教，他的研究方法都是一样的。拉图尔对裁决制度产生了兴趣：“什么是合法的言说?”“什么是虔诚的言说?”这与拉图尔的博士论文密切相关，他于1975年通过答辩，题目是《解释与本体论》（«Exégèse et ontologie»）。拉图尔对这些问题逐一进行哲学思考，没有跳过任何中间环节。

在拉图尔中学时期的最后一年，他与哲学邂逅了，从而彻底改变了自己：“我立刻觉得自己会成为一名哲学家。悖谬的是，其他形式的知识似乎更不确定。”对尼采的阅读让他开始破坏偶像，就像18岁的年轻人喜欢做的那样，但最重要的是，他开始“无情地批判各种基本概念”。

夏尔·贝吉（Charles Péguy）既是天主教徒，又是社会主义者，从拉图尔在20世纪60年代加入基督教青年学生会（Jeunesse étudiante chrétienne）时的激进青年时代，到他最近关于政治生态学的著作问世，贝吉的作品一直是他的人生伴侣：“贝吉曾经是一个造反派，他关于道成肉身的写作，他对大地和依恋的思考，让他今天能够揭示我们所处的境况。我们已经不知道该居住在哪个空间了。人们都在谈论那些因为害怕生态灾难而被动员起来的年轻人。但贝吉明白，现代世界剥夺了我们的创造力，这种损失是一场悲剧。”重要的是要记住，与贝尔纳丹学院（collège des Bernardins）“圣训”教席的成员们一样，教皇方济各在2015年（《面对盖娅》出版的那一年）通谕《圣训集》中发出的先知式号召，对拉图尔来说，是“神的惊喜”。正如神学家弗雷德里克·卢佐（Frédéric Louzeau）、历史学家格列高利·克内（Grégory Quenet）和神学家奥利里克·德·盖利斯（Olric de Gélis）所解释的那样，拉图尔一眼就发现了《圣训集》中的两大创新：对地球遭到破坏与社会不公之间的联系的发现，以及对地球自身行动和受难力量的承认。他还注意到，这两项创新与“喧嚣”（clameur）一词有关。“喧嚣”一词在拉丁语和法语中都有法律渊源：大地和穷人的抱怨！

作为勃艮第的一名年轻教师，他得到了一个启示、一种顿悟。1972年，在第戎和格雷（上索恩省）之间的公路上，他感到“疲惫”，于是靠边停车，“在过度的还原论之后清醒过来”。每个人都试图将周围的世界还原为一种原则、一种思想或一种观点。他在《非还原》(*Irréductions*, 1984)一书中写道:“作为一名基督徒,我们爱上帝,他能够将世界还原为他自己,甚至创造世界;作为一名天文学家,我们追求的是宇宙的起源,并从宇宙大爆炸中推导出宇宙的演变;作为一名数学家,我们要寻找公理,以公理包含所有其他的推论和结果;作为一名哲学家,我们希望找到一个根本的基础,从这个基础出发,所有其他的事物都只是现象;作为一名知识分子,我们要把庸俗的简单做法和观点带回思想生活。”

正如他在那个蔚蓝的冬日所意识到的,“无可以还原为无,无可以从无中推导出来,任何事物都可以与其他事物结合起来”。这就是他的“十字符号”。他写道,这个“符号驱走了一个又一个邪魔,从那天起,形而上学之神再也没有回来并让我热血沸腾过”。这就是指导他整个哲学的宇宙观。虽然他的职业是社会学家,但他最终是一位哲学家。

六、观察科学

在德法公共电视台（Arte）的一系列采访中，他几乎是热泪盈眶地说："美哉，哲学！"为什么这门学科能够创造出德勒兹曾经说过的概念，如此美丽，如此恢弘，如此令人陶醉？"我不知道该如何回答这个问题，"他说，"只能为之而热泪盈眶。"哲学——哲学家们都知道——是一种动人心魄的思想形式，它对整体感兴趣，但从未触及整体，因为其目的不是触及整体，而是热爱整体。爱是哲学的关键词。如果说他热爱并试图拥抱这个整体，那未免太轻描淡写了。

首先是在科特迪瓦（Côte d'Ivoire），在取得哲学学士学位后，他在那里接受了人类学培训。确切地说，是在阿比让（Abidjan），当时他与一家科技学院进行合作，并承担笛卡尔哲学的教学工作。作为一名"后殖民"知识分子，他拒绝将理性的西方与非理性的非洲对立起来。这一经历使他建立了一种“对称人类学”（anthropologie symétrique），以民族逻辑学家研究非洲社会的方式来研究西方社会。这种方法促使他观察了加利福尼亚的一个实验室，它不是普通的实验室，而是诺贝尔奖获得者的实验室。这是一次十分重要的经历，让他了解了“科学是如何开展的”。

拉图尔是一位田野知识分子。他对巴斯德和科学史情有独钟（《巴斯德：微生物的战争与和平》[*Pasteur*：*guerre et paix des microbes*，1984]、《巴斯德，一种科学，一种风格，一个时代》[*Pasteur*，*une science*，*un style*，*un siècle*，1994]）。他还热衷于技术史研究，并因此于1982年进入矿业学院，在那里一待就是25年，在创新社会学中心待的时间尤其长，该中心的负责人是米歇尔·卡隆（Michel Callon），他是行动者网络理论的幕后推手。

《阿拉米斯或技术之爱》（*Aramis ou l'amour*

des techniques，1992）可能是他最喜欢的作品之一，该书以巴黎南部几乎要建成的自动地铁的名字命名。这是一本“科学化”（scientifiction）的著作，是社会学调查与“机器爱情故事”（l'histoire amoureuse d'une machine）的结合。

拉图尔在序言中不仅总结了这本书的内容，还概括了一项研究计划、一种社会学方法、一种哲学抱负和一种伦理关怀：“对于人文主义者，我想提供对一种技术的详细分析，这种技术足够恢弘壮丽，足够灵韵生动，足以让他们相信，他们周围的机器是值得他们关注和尊重的文化对象。对于技术人员，我想告诉他们，在设计技术产品时，不能不考虑到人类的群体、激情和政治……最后，对于文科研究人员，我想告诉他们，社会学并不只是研究人类的科学，它也可以张开双臂欢迎非人群体，就像二十世纪它对大批穷人所做的那样。也许，我们的集体是由会说话的主体编织而成的，但穷人，我们的社会地位低下的弟兄，在各个方面都依附于这个集体。若向他们敞开心扉，社会纽带无疑会变得不再神秘。是的，我希望我们在读到阿拉米斯的悲惨故事时能真正流下眼泪，我希望我们能从这个故事中学会热爱科技。”

七、一种“新阶级斗争”

这就不难理解为什么拉图尔在1994年提出了“物的议会”（parlement des choses）这一概念，其目的是“将那些被归入科学领域的主题引入政治”，并在人类代表与“相关的非人”（non-humains associés）之间建立对话。拉图尔是一位孜孜不倦的概念发明者和难能可贵的思想启蒙者，随着生态危机的日益加剧，他也变得更加政治化。

在与丹麦社会学家尼古拉·舒尔茨（Nikolaj Schultz）共同发表关于新生态阶级的备忘录（*Mémo sur la nouvelle classe écologique*，2022）时，

他在《世界报》上说："生态是新的阶级斗争。"他们认为，冲突不再仅仅是社会性的，而是地缘社会性的，然后，他们呼吁建立一个"新生态阶级"，自豪地接过二十世纪社会主义者的火炬。

他们的思想胜利了吗？从比利时哲学家文奇安·德斯普雷特（Vinciane Despret）到美国人类学家罗安清（Anna Tsing），从作家理查德·鲍尔斯（Richard Powers）到哲学家唐娜·哈拉维（Donna Haraway），还有印度散文家阿米塔夫·高希（Amitav Ghosh），他的思想已经传播到世界各地。他的著作主要由发现出版社（La Découverte）与出版商菲利普·皮格纳雷（Philippe Pignarre）合作出版，已被翻译成二十多种语言。

在法国，他的读者人数众多。他培养、陪伴和支持过的知识分子们的作品现在都被人们阅读和评论，如弗雷德里克·艾伊-图瓦提、政治哲学家皮埃尔·夏博尼埃（Pierre Charbonnier）、女权主义哲学家埃米莉·阿希（Émilie Hache）、律师萨拉·瓦努克姆（Sarah Vanuxem）、研究变形问题的思想家埃马努埃莱·科奇亚（Emanuele Coccia）、生命哲学家和动物研究者巴蒂斯特·莫里佐（Baptiste Morizot）、艺术史学家埃斯特尔·钟·门努尔（Estelle Zhong Mengual）、哲学家和艺术家马蒂厄·杜佩雷克斯（Matthieu Duperrex）、泛灵论人类学家纳斯塔西亚·马丁（Nastassja Martin）、心理学家和摄影师埃米莉·埃尔芒（Émilie Hermant）以及科学和健康人类学家夏洛特·布里夫斯（Charlotte Brives）。更有奥利维耶·卡迪奥（Olivier Cadiot）和卡米尔·德托莱多（Camille de Toledo）等诗人和作家，总结了拉图尔生活方式的特殊之处："在戏剧中思考的快乐，不屈服于痛苦或灾难的力量。"他的思想是如此丰富多彩，以至于无法一一列举。

他在巴黎政治学院的一些学生共同发起了"气候公民大会"，有的学生在重视生态问题的市政厅工作。他与人类学家、法兰西学院名誉教授菲利普·德斯科拉（Philippe Descola）一起，为当代法国思想界的生态政治转向做出了贡献。这有点像十八世纪的沙龙，启蒙哲学就是在这里诞生的，在这里你会有一种见到新狄德罗和达朗贝的感觉。

菲利普·德斯科拉指出，拉图尔的“外交哲学”（philosophie diplomatiqu），尤其是他在新气候制度和生态问题上的成果，“已成为当今时代的思想”，这种思想让人们“意识到……现代性是在云端、在地面上建立起来的，它声称要将人与非人、自然与社会分开”。

1970年，福柯说出了一句掷地有声的话，“或许有一天，这个世纪将是德勒兹的世纪”（参见福柯为《差异与重复》[*Différence et répétition*]写的序言，1968年版）。今天，哲学家帕特里克·马尼格里耶（Patrice Maniglier）认为，我们的时代将是“拉图尔的时代”。或者说，“不是我们成为拉图尔主义者，而是我们的时代成为拉图尔的时代”。将拉图尔归结为一个说辞，有悖于他年轻时的直觉。

更何况，近来他一直以其高大、优雅、蹒跚的身姿行走在一个炽热的世界，就像一位能够诗意地栖居在人类世时代的于洛先生（monsieur Hulot）[2]，像威廉·詹姆士（William James）一样坚信“宇宙是一个多元世界”。拉图尔比任何人都更了解新的形势，他写道：“我的父亲和祖父可以退休，安详地变老，安详地死去。他们童年的夏天和他们孙子的夏天可以是一样的。”当然，那时的气候也有波动，但它并没有像我们这一代，即婴儿潮一代那样，伴随着一代人的老去而发生巨大变化。他感叹道：“我不能退休、变老、死去，而我留给我的孙子们的，是与我们这一代

2　法国著名电影导演雅克·塔蒂（Jacques Tati）在二十世纪五六十年代，通过“于洛先生三部曲”（《于洛先生的假期》《我的舅舅》《游戏时间》）塑造了于洛先生这一经典形象，在法国开启了一个全新的喜剧时代。于洛先生已经成为法国喜剧片经典形象：高大的身躯，微驼的背，嘴里衔着烟斗，头上戴一顶滑稽的帽子。——中译注

人的历史无关的八月。”

因此，在访谈的最后，拉图尔以尾声的形式写了一封信，写给他的孙子，写给将在2060年年满40岁的这一代人。正如福楼拜所说，“愚蠢就在于想要结束”，因此，这封信不是结尾，而是序曲，是对未来的献礼，它邀请我们不顾一切地奔赴未来。在这里，哲学家为我们提供了一个非同寻常的工具箱，不仅为我们提供了思考的食粮，还帮助我们想象新的生活和行动方式。他邀请我们“成为地球人”，与地球产生共鸣，他称之为“地球情感”（géopathie）。拉图尔就这样着陆了。但他和他的作品一样，依然不可复制。

‡ 第一章　改变世界

尼古拉 · 张（以下简称“张”）：布鲁诺 · 拉图尔先生，感谢您邀请我们来到您在巴黎的寓所，来到您居住和工作多年的宅子。请问您为何同意接受这一系列采访？

布鲁诺 · 拉图尔（以下简称“拉图尔”）：首先，因为我已经年迈了，是应该回顾一下自己所作所为的时候了。其次，从表面上看，我对包括科学、法律和小说在内的各种问题都很感兴趣，研究它们时所采用的方法也略显奇特。这很难记录下来。在书店里，人们总是不确定该把我的书放在哪个类别之下。他们会把关于巴黎的书放在旅游区，另一本是关于科学哲学的，第三本是关于法律的……你给了我一个机会来解释我的总体看法，这样人们读到这些书，就不会觉得我喜欢东拉西扯了。我很高兴我这样做了，因为我并没有东拉西扯，我从头到尾都在遵循一条主线，现在是时候说清楚了。

张：您是一位社会学家和科技人类学家，但首先是一位思想深邃的哲学家，公众是从您的两本生态学著作中认识您的。这两本书分别于2017年和2021年以《着陆何处?》和《我在何方?》这两个标题发表，它们提出了一个观点：在您看来，我们的世界已经改变，我们不再生活在同一个地球上。这种变化是什么？拉图尔先生，为什么我们不再生活在同一个地球上?

拉图尔：这个问题试图将当前形势戏剧化。我们所处的政治和生态环境对每个人来说都异常艰难。我们每天在报纸上看到的所有变化、气候问题、那些试图保护生物多样性的国际会议，甚至进步和富足的含义问题，都在影响着我们。我们意识到，这些问题与我们最近所生活的世界有关，这是一个围绕着“物没有行动力”这一原则组织起来的世界。伽利略就是这个世界的一个典型例子：从斜面开始，计算下落的台球，并且由此发现了自由落体定律。台球根本没有特性，没有行动力，也就是我们所说的合规性。台球所遵循的规律是可以计算出来的，而且是科学发现的。

我们习惯于认为，世界是由不具有相同合规性的事物和生命组成的。伟大的英国哲学家怀特海称之为“自然的二分”。这种观点认为，从某个时期开始（大约在十七世纪），世界的结构是由实在物与生命物之间的区分构成的，科学认知的是实在物，但在科学之外，这种物却无法被触及，而生命物则与人的主观能动性有关，是人想象这个世界的方式，是人看到恢弘壮阔的物时的印象。我们人类和生物所感受到的一切在主观上都是有趣的，但这并不是世界的本质。二分的世界，是上一个关于世界的宏大定义，为了简单起见，我称之为“现代世界”，我对现代世界的人类学十分感兴趣。

不过，虽然这样说科学似乎有些奇怪，但这是一个形而上学的问题。我们所处世界的形而上学背景是一个由生命组成的生命世界。在我看来，随着新冠病毒的蔓延和气候变化，日益变得清晰可见的正是这个世界（它似乎是由生物组成的，我们通过地球科学、对生物和生物多样性的分析，越来越多地发现这一点）。可以说，这就是一个我们必须着陆（il faut qu'on atterrisse）的世界，这个世界到处都是病毒。小到攻击人类的疾病，大到我们所处的大气层和我们呼吸的氧气，也都来自病毒和细菌。它们的变异注定会改变我们所生活的世界的基础和发展进程。病毒和细菌，是它们改变了地球，创造了地球的历史。我们甚至不知道病毒是否有生命。围绕着它们的发展存在一系列谜题，我们不知道它们对我们来说是陌生人，还是敌人或朋友。不过，幸好我们身上有病毒和细菌！没有它们，我们就无法生存。

如果人们对生态问题感到迷茫，无法对众所周知的灾难局面做出迅速反应，这在很大程度上是因为他们仍然生活在过去的世界里，一个没有主观能动性、可以通过计算来控制的物体世界，一个可以被占有的科学世界，一个由生产系统支持的富足和舒适的世界。但这已不再是我们生活的世界，正是在这个意义上，我们改变了世界。我们留下的是一个由科学所认识的物体组成的世界，我们对这些物体的观念是主观的。然后，我们进入了另一个世界，作为有生命的人，在其他生命体中间，它们会做各种奇怪的事情，并对我们的行为做出迅速的反应。因此，我以戏剧化的方式说道："我们现在的情况和以前不一样了。"

但我的工作就是戏剧化，以戏剧化的方式为各种事物重新命名。需要注意的是，这两者之间确实有着云泥之别。在第一种情况下，我们无需担心，因为我们所处的是一个由相对简单的物体组成的世界。它们会遵守我们的规律。相反，在另一种情况下，我们会对自己说："这种病毒在做什么？它将如何运动和发展？"

张：你们常说，我们今天所经历的世界变革是一场堪比伽利略物理革命的革命。我们是否已经远离了我们对现代伟大宇宙论的想象？

拉图尔：倘若我们像人类学家那样把宇宙观理解为一种合规性的区分，即如同神的定义一样，它定义了什么东西合规、什么东西不合规，那么就会是你说的那样。现代人也有一种宇宙观，这种宇宙观使他们能够在世界范围内进行扩张。简单来说，这是一种非常特殊的宇宙论，用菲利普·德斯科拉的话来说，它区分了“物的世界”和在一定程度上与之大相径庭的主体。说到气候和病毒，一切都结束了，现在没有人可以说存在着与他们所处的世界大相径庭的主体。在一个触目惊心的反馈循环中，一个地方的人类的行为给他们自己和其他地方的人类带来了不适宜居住的生活条件。在康德的宇宙论中，主观的人类、主体可以将自己置于一个与“物的世界”保持距离的世界中，这是典型的现代人形象，然而这种形象是不可能存在的。

这意味着什么？现在的问题是主体的问题。这正是我感兴趣的哲学问题。什么是主体？生态学的人类主体是什么？它和以前的主体不一样了。他们不能做同样的事情。他们对事物的信心也不一样了。他们为来自四面八方的各种力量所控制。在病毒和医学问题的微观层面上，这一点是惊人地真实；在我们所处的生存环境的整体层面上，这一点也是惊人地真实，因为大气条件、食物和温度条件本身就是这些生物的非自愿产物。我想再次强调这一点，因为这是地球系统科学的一大创新。我们可以说，这就是第二次科学革命。

今天，我们谈论的是真菌、地衣、微生物群……每个人都对生物感兴趣。尽管有时有些夸张，但这仍然是一个非常重要的症状。我们开始意识到，不再是我们生活在一个与我们大相径庭的物的世界中，而是我们的生命叠加在这些生命体中间。从病毒的角度来说更是如此。同样，从政治的角度来看也非常有趣。这意味着，我们自身的存在干预并影响着其他所有生命。在这个世界上，你可以把各种物叠加在一起，而它们之间又不会互相吞噬，影响事物的可能性似乎是无限的。我们现代人也因此做出了一些了不起的成就。但是，如果你的周围都是由各种生命体组成和叠加起来的，你永远不知道他们到底是朋友还是敌人，而你又不得不与他们相处，那就不是同一个世界了——更何况他们创造了我们所处的生存环境……我们需要再一次与1610年以来发生的事情进行比较和对照。1610年是伽利略的诞生之年，对历史来说非常重要，从这时开始，直到二十世纪四十年代，我们的情感，我们的希望，我们即将进入的时代，我们对道德问题、对人类行动、对主观性的期待，都经历了漫长的转变。令人欣慰的是，这一切都被发明出来了，因为如果我们能够做到，能够经历第一次科学革命和现代世界的巨大变革，那么我们现在就可以重新开始。我们曾经渡过了难关，现在我们也能渡过难关。但这是一项艰巨的工作。

张：您认为“人们已经明白，他们已经改变了世界，他们生活在不同的地球上”。您还喜欢引用历史学家保罗·韦恩（Paul Veyne）的话：“重大事件的波动就像睡觉的人在床上翻身一样寻常。”

拉图尔：是的，韦恩的这句话说得很好。当你列出为了适应一个生态化、非现代化的世界而必须解决的所有问题时，你会有一种头晕目眩的感觉：这意味着如此多的转变。不仅仅是能源系统或供应系统的变革，还包括道德问题、主体定义、所有权等方面的变革……这让人目不暇接。这种变革似乎是不可能的。很多人认为人类什么也做不了，还有一些怀疑论者，不管他们是否受雇于游说团体……然而，新的时代精神就是让人觉得我们已经改变了世界。

‡ 第二章　现代性的终结

张：为什么说我们从来都不是现代人？您认为现代人是什么？

拉图尔：当我们说“现代”时，我们通常指的是“现代化”。我们有计划地使大学现代化、国家现代化、农业现代化……有趣的是，我们要明白，这个口号给出了一个明确的历史方向，它说：我们正在前进，我们一定能走向现代化的未来，历史正在以这种方式前进。后方则是古老落伍的气息。而这也是不可避免的：一旦有人跟你说“现代化”，你就会立刻惊慌失措：“如果我错过了现代化的列车，我就会……”

张：掉队。

拉图尔：被淘汰。“如果我继续保持警惕，我就会变得很反动、反现代。”然后，你就会被指责古板，被指责放慢进步的脚步，被指责固守旧有的价值观。但这样说有什么意义呢？我们通过“现代化”希望实现什么目标？这些也是新冠疫情中出现的问题。就在我们以为一场伟大的经济运动将继续发展下去的时候，一切戛然而止。国内的每个人都意识到，这台巨大的发展和进步机器可能在几周内就会停止运转，于是我们开始扪心自问：“我们到底在找什么？我们想要什么？”

我一点也不反现代，因为如果说“我在抵制，我自愿显得古板且反动”，这种说法实际上是一种接受现代化最新浪潮的方式。这其实是一个警句，即一个定义历史运动的术语，但这种说法并不代表我们所处的历史。我认为我的贡献在于，不是将现代当作一个口号，而是将其当作一个研究课题来研究和理解，并将这个古老的口号转化为一个谜。

“现代”是现代化阵线的口号和组织原则，但这一阵线正在走向终结，因为我们现在意识到这是一条毁灭的阵线。现在，许多人都同意，我们不能走得太远，不能让地球现代化。如果我们这样做，地球就会消失。它将变得不适合我们人类居住和生活。现在，我们可以相信我三十年前说过的话：现代性业已终结。这是悬置，悬置一个即将终结的历史时代。我喜欢说，我们必须在蓬皮杜国家艺术文化中心说，“这里就像奥赛博物馆（Orsay）”。这很好玩，蓬皮杜国家艺术文化中心是一座现代性博物馆！但前提是，我们不能再一味地追求现代，而是要创造出现代所需要的博物馆。

二十世纪有什么好处？我仍在问自己这个问题。我花了五十年的时间来学习，逐渐意识到，没有任何一门学科是可以通过说明什么是现代的、什么不是现代的来阐明的。没有一个单一的学科，尤其是在科学史方面。我们试图将现代人定义为那些相信主客体有所区分的人，那些最终理解了观念、文化等与自然之间的区别的人。但是，如果我们试图应用这种区分，我们只要研究一下技术史或科学史，就会发现他们的做法恰恰相反。现代人以最极端（有时也是最华丽）的方式在他们的国度中将政治、科学、技术和法律混为一谈。神奇的地方在于：他们从未停止过与他们所宣称的相反的做法。我们不再说这样的话了，但我喜欢西方电影中的一句话："白人的舌头是双标的。"的确如此，这是一种华丽的辞藻。现代人是不真实的。他们总是口是心非，言行不一。二十世纪八十年代，他们直奔主题，在夸张中更加夸张，在不真实中更加不真实。

1989年，当我正在研究这个问题时，柏林墙倒塌了。这一事件引发了人们对自由主义胜利的巨大热情。对我来说，有一件事与柏林墙的倒塌一样不同寻常，而人们完全不了解这是自由主义的一个事件。这是最大限度地加速、最大限度地榨取和最大限度地否认的时刻。自两次世界大战以来，我们一直在加速；随着柏林墙的倒塌，我们又进入了加速中更为加速的阶段。我感到非常惊讶，因为虽然我们看到了1989年的东欧剧变和随后的苏联解体，但我们也看到了在东京和里约召开的生态学的重要会议。令人震惊的是，从生态问题的角度来看，这既是我们可以采取行动的时刻，也是解决真正问题（成为我们所说的“新气候体制”的问题）的理想机会，同时也是最大限度地否认这一问题的时刻。这也是二十世纪历史之谜：它不断否认自己所处的局势。

张：从美学角度看，现代也是现代性时刻。兰波说：“你必定绝对是现代的。”我们已经走出现代世界，但我们进入了一个怎样的世界？

拉图尔：“现代化”一词影响力巨大，但也掩盖了这一口号的复杂、严酷和残忍。自二十世纪五十年代以来，简单来说，“现代化”的真正含义就是“抛弃过去，远离土地”。起飞！我记得在二十世纪五十年代，每个人都必须“起飞”。所谓发展中国家都在“起飞”。这就是“起飞”的全部理念。这个口号仍然非常重要，因为我们别无选择。因此，回答你的问题，这就是我们需要努力的方向：现代性的替代方案是什么？就拿富足、自由和解放来说，如果没有现代性，它们会是什么样子？替代方案就是我所说的“绿色化”。没有人知道它的确切含义，正是因为它是对时间定义、时间流逝、过去与未来分离的巨大变革。过去与未来不能简单地割裂开来，不能说现代化战线错误的一边已经结束，而另一边则是统一的、进步的。要么现代化，要么生态化，这可能是二元对立的……但生态化的前提是某种合成秩序。

真正意义上的合成（composer），是属于过去、未来或现在的表述，而且是完全自由的合成。我们需要从现代化的巨大压力中解脱出来，因为现代化使我们完全丧失了决定和选择的能力；我们需要能够选择，能够辨别好的技术和坏的技术，能够辨别好的法律和坏的法律。这些选择技能，也就是我所说的“合成”，与“现代化”的含义是不同的，二者判若云泥。它们不能被还原为一个口号！“合成”只是告诉我们，要“创造你们活下去的条件，让地球变得更加宜居”，并按照一定的秩序将人们动员起来。做到这些仍然不够。相反，我们扪心自问：“那么，我该怎么办？一方面是生态农业……另一方面，我还是尽量不排放二氧化碳等温室气体……但我该怎么办呢？”这就是我们着陆在这个世界上的方式，我们生活在这个世界上，而在这个世界上，到处都是关于如何改变我们生活方式的无休止的争论。

但这是健康的争论，因为现代化的可怕之处在于它蒙蔽了你的双眼，它完全不会让你想知道，你最终会留下些什么。

我举一个简单的例子，但这是一个非常有趣的例子，也是我的学生们非常感兴趣的例子：绿篱（haies）。我们一方面讨厌它们，另一方面又喜欢它们。有通常被淘汰的现代绿篱，有后现代绿篱，最后还有复合绿篱。我说的不是传统绿篱和树篱的回归，传统绿篱和田园（bocages）同样让农民苦不堪言，需要他们付出大量的辛劳。我说的是复合绿篱。如今，很多人都在从事有关绿篱的劳动，如生物学家、自然学家、新农民，他们重新称自己为“农民”（paysans），因为他们不再是农民（agriculteurs）了。

这就是“合成”一词的含义，所有问题亦是如此。

合成的另一个含义意味着深入争议之中，放弃对进步与陈旧的区分。显然，其关注点在于宜居性的根本问题，并将宜居条件置于生产问题之上。这仍需努力！我们从来都不是现代人，但我们已经摆脱了现代人的观念。我们仍需努力。

张：这是一个世界，一个合成和再合成的复合场所。

拉图尔：合成是一个美丽的词，因为这个单词在音乐上的意思是“作曲”。它关乎布局、协商、生存方式。我们知道，我们还必须放弃“政治必须是现代政治”这一观念。现代政治是一种讨论我们应该去哪里、应该如何下达命令的政治；但你需要一种更为谦逊的政治来进行这些综合布局。我们还需要恰当的科学，因为科学在说出需要做什么之前，需要在一系列争议中摸索前进。我们还需要一种恰当的技术，让我们能够对自己说：“我正在发明一种技术，因此会产生意想不到的后果，因此会引起争议，因此它是局部的，因此我们必须对它进行讨论。”整个社会需要获得曾为现代性观念所褫夺的批判力，并通过对所有这些不同模式的谦逊，认识到我们必须从简单的合成中创造出一种“生态”文明。这正是令人兴奋的地方：我们从来都不是现代人，但我们相信自己是现代人的事实，却继续孕育着异常强大的影响力。

‡ 第三章　盖娅的正式宣告

张：您曾说，我们实际上是在离地生活，而今天我们需要着陆。着陆意味着生活在科学家所说的“临界区”，生活在盖娅之上，与盖娅共存。盖娅既是英国生理学家、工程师詹姆斯·洛夫洛克提出的一个概念，也是古希腊神话中的一个女神。盖娅是大地之母，是所有神灵的母体。当我们知道灾难已经来临，当科学家和联合国专家在每一份报告中都这样告诉我们时，为什么还需要盖娅来帮助我们摆脱无能为力的境地呢？用这个概念来描述我们正在发生的事情，并动员您所呼吁的新生态阶级的公民，意义何在？

拉图尔：若我想把事情简化，我就不会用“盖娅”这个说法。盖娅让我的生活变得非常复杂。洛夫洛克提出的想法就像他在二十世纪六十年代发现大气层并不处于热力学平衡状态一样。大气中没有理由存在30%的氧气，因为氧气会与万物发生反应，氧气早就应该消失了。他讲述了一个著名的插曲。他将我们的大气层与火星的大气层进行了比较，并说：“生物学家们，去火星没有任何意义。你们想把我的设备送到那里，因为人们制造了设备，但我知道那里没有生命。”我们仍在火星上寻找生命，但那里没有盖娅。在过去的40亿年里，没有任何一个宇宙中的星球曾经被生命彻底改造过。如果它们在某一时刻曾有过生命，我们可能会在某个地方找到细胞，但那个时候已经过去了。

地球上不存在盖娅这个概念，也不存在将地球上最初并不特别有利的物理化学条件转变为有利条件的盖娅。这种转变是由于这样一个简单的事实：生物不仅仅是环境中的有机体，而且还具有为自身利益而改造环境的特殊性。这不是出于慷慨或友谊，而仅仅是出于相互联系。这才是最重要的：生物之间的相互联系。生物会新陈代谢。它吸收许多奇怪的东西，而吐出来的奇怪东西又被其他生物当作机会。这需要40亿年的时间，但正是这种循环最终创造了我们可以利用的条件。这就是新宇宙学的根本问题所在，即行星的宜居性：我们如何使它适宜居住，如何保持它的宜居性，以及如何与那些使它不宜居住的人进行斗争。盖娅是一个美丽的名字！重要的是，它是一个神话，是一个科学、神话和政治概念。正因为这个词不仅仅是一个混合体，它显然也是宇宙学变革的名称。盖娅是一个伟大的名字。但很多人把自己的狗叫作盖娅，这就很讨厌！

张：把小孩叫作盖娅也是如此！

拉图尔：或者这样称呼他们的孩子，不过这样比称呼狗为盖娅要好一点。盖娅真的是个绝妙的观念。洛夫洛克经常讲这样一个故事：他和朋友威廉·戈尔丁（William Golding,《蝇王》[*Sa majesté des mouches*]的作者）在一家乡村酒吧里喝啤酒，他向戈尔丁提出了自我调节地球的绝妙观念。戈尔丁告诉他，这是一个梦幻般的观念，应该给它取一个响亮的名字。他建议叫"盖娅"。洛夫洛克不太明白他在说什么，因为他不认识这些字母——他没有学过拉丁文和希腊文，但最终他还是接受了这个词。

这是一个真正的历史事件，而且是一个绝对扣人心弦的事件。一位诺贝尔文学奖得主（他本人也是物理学家）向生理学家兼化学家洛夫洛克提出了一个关键术语。像我这样的哲学家怎么会错过这样一个插曲呢？洛夫洛克与林恩·马格里斯成了密友，后者当时正在研究病毒和细菌，以及地球的悠久历史。马格里斯对细菌特别感兴趣，而洛夫洛克则对大气中的宏观元素特别感兴趣。简单地说，他是研究气体数量的精细分析的专家，也曾研究过臭氧层。他们两人在二十世纪七十年代初相识，并共同提出了盖娅的概念。

伊莎贝尔·斯唐热称之为“盖娅入侵”。她并不关心如何理解盖娅的科学问题（这是我非常感兴趣的问题），她更关心的是“我们来到了另一个世界”，这一说辞令人震惊。斯唐热笔下的盖娅是一个具有政治影响力的人物。

我们进入了盖娅的世界。我们不再处于旧世界，在那里，最重要的问题是利用资源来发展。因此，我们不能将神话、科学和政治割裂开来。宇宙学不是这样的。宇宙学是这些事物之间的联系。当人类学家研究巴鲁亚人或亚诺玛米人的宇宙观时，他们不会把政治、社会组织方式和是否有神的问题分开。所有这些问题都是相互关联的。倘若我们不为这种新局势命名，我们还能声称自己正在改变全世界的宇宙观吗？

我宣布，“盖娅”就是这一新局势的名称，因为它具有神话性、科学性和政治性。它问题重重；你用的“临界区”这个词比较平和。临界区是我朋友用的一个词。这个词的使用并不广泛，但在美国和法国，这个概念被用来指代完全相同的事情：我们的经验是活人在活人中间的经验，是在活人创造的世界里的经验。与我们上一个时期关于地球的概念相比，这个概念微不足道。地球上还有很多我们的生命无法涉足的区域。即使一些设备可以让我们发现在这些区域里有什么，你也不会去地球中心了解它是如何运作的，因为你并不“在”这个行星上。我们只是在地球的薄膜上，地球有一层薄薄的膜。这几千米的表面就是临界区。

张：它是环绕和包裹地球的空间。它有多大呢？

拉图尔：不大，但这很有趣。我们的生活、我们的经历，同时也是我们唯一体验到的事情。我们是诸多生物中最鲜活的生命体，我们的生命所涉足的区域却非常小。在旧世界，我们生活在地球上；我们去火星，我们想进入太空，我们对此充满热情。以前的宇宙学是无限的宇宙，我们有一种置身于这个无限世界的感觉。突然间，我们发现自己置身于一个狭小的区域内，而这个区域是我们共同拥有的，并且已经被人类创造了40亿年。作为工业化的人类，我们的行为不可避免地占据了巨大的空间，而这是我们无法预见的，因为在三个世纪之前，甚至直到第二次世界大战之前，人类在地球上的足迹都是微不足道的。与我们之前所处的无限宇宙相比，人类几乎微不足道。地球系统不是我们行动系统的一部分，因此也不是政治的一部分。我们改变的是景观意义上的环境，而不是地球系统或我们在宇宙中的生存条件。所不同的是，在临界区，生活条件发生了深刻的变化。这个术语让我们更容易理解，这只不过是科学家们研究的、我们生活的狭小空间。在这个世界上，人类的重要性不言而喻。这是一种禁锢。而事实上，我们突然发现自己被禁锢在一个从宇宙角度来说不算什么的世界里，但在这个世界里，工业化的人类却有相当大的能力来改变这个世界的宜居性。这就使得宜居性成为一个基本概念。

目前正在讨论的其他主要概念包括“人类世”，它让我们的朋友们能够计算工业化人类对地球其他部分的影响。比较人类的体重是一件非常有趣的事情，许多科学家今天正在这样做。例如，他们发现推土机比所谓自然侵蚀带走了更多的土壤，而这些在重量上微不足道的人类，在改变力方面却变得相当可观，甚至可以说是一股重要的“地质力”。这就是“人类世”概念的由来，正是这些问题使得政治问题变得如此重要。

那么，我们为什么需要盖娅呢？它之所以必

要，是因为仍有许多复杂的东西需要消化。工业化的人类占了很大一部分，但临界区仍然很小。我们必须认识到，环境是由生物创造的，而不是像我们过去所认为的那样，生物占据着它们所适应的环境。从物理学家的角度来看，生命本身的能量也很少。然而，生命改变了一切：矿物、山脉、大气。它改变了我们的生存条件。这太奇怪了：它几乎什么都不是，却产生了如此深远的影响。这就是这些概念如此复杂的原因。由于没有人认真学习过地球科学，人们不知道它们在哪里。“我在何方？”这个关于我们身处的世界的问题，正在成为一个基本问题。许多事物都在发生变化，我们必须能够为其命名。这就是我的戏剧性之处，因为哲学家必须为这些事物命名：我们在盖娅之中。

‡ 第四章　着陆何处？

张：了解如何描述自己，特别是如何回答“我靠什么，依靠谁而活着？”，根据您的说法，对于“着陆何处？”至关重要。我们不仅要了解我们生活的世界，还要了解我们赖以生存的世界。这种做法如何让我们在今天的政治中找到方向？

拉图尔：二十世纪主要的政治现象再次出现：整个文明在面对自己完全了然于胸的威胁时，为何没有做出反应？

问题是，自二十世纪八十年代以来，我们一直迷失方向，甚至不明白为什么我们没有采取行动。你可以说这是因为游说，也可以说有太多的事情在阻碍着我们，这也没错。但我们根本没有采取任何行动，以至于我们必须寻找其他原因来搪塞。

我建议提出如下问题：“你如何期望人们能对宇宙学如此彻底的转变迅速做出反应?”而我提出的解决这个问题的办法就是返璞归真。我所说的返璞归真是指在一张纸上写下你所处的局势。这就引出了领地（territoire）问题。这个概念看似简单或肤浅，但其实与通常所说略有不同：领地不是地理坐标意义上的所处位置，而是你所依赖的东西——因为依赖已成为根本问题。以前的世界是以解放问题为基础的。在你现在所处的这个新世界里，根本问题在于你的依赖性，你的依赖性决定了你是谁。这与之前的版本完全不同：在这个陌生的世界里，你们在摸着石头过河。

我们如果想有办法了解它，就需要一种描述它的方式。不是像外面的人告诉你身处另一个世界那样客观地描述它，而是自己去描述它。这听起来很奇怪，但我对描述很着迷。描述也就是坐下来，安顿下来，有一个基础。对于哲学和本体论的基本问题，我一直在寻找一种可以称为实用的、经验主义的解决方案。我找到的解决办法是："列出你究竟在依赖什么。你依赖什么东西，你就是什么东西。"或者说："你所依赖的东西将决定你的领地在何方。"这就是我的目标。

从政治角度看，这为什么很有趣？因为目前的情况是，我们的政治观点与前一个世界相关联。因此，我们必须改写观点并说："对不起，我们对你的政治观点不感兴趣。"这就是我提出的建议的简单表达方式。

张：我有幸参加了你们"着陆何处?"运动举办的几次研讨会。你们在上维埃纳省的圣于连市、里斯-奥朗吉斯市和塞夫朗市举办的这些自我陈情研讨会上，要求与会者说出他们赖以生存并受到威胁的实体。您还称之为“鞋里的小石子”。

拉图尔：这是一种表达反对意见的方式。当人们被要求谈论政治时，他们总是认为自己必须上升到一个非常高的普遍水准。他们的立场接近卢梭，即放弃自己的观点，加入公意（la volonté général）。卢梭认为，切断自身的一切联系以参与公意，正是政治表达的定义。

张：“让我们把事实讲清楚。”

拉图尔：让我们放下陈见，防止任何对意见表达的影响，最终获得公意。这从来就没有任何意义，在当前局势下毫无意义。因此，我们必须回到基点……我们的基点就是脚！我们的脚下有石头，踩在上面很疼。杜威有句话说得很好：“只有穿过鞋子的人，才知道鞋子中哪里让我们感到疼。”谈论“痛处”能让我们避免过快地陷入泛泛而谈。

我仍然喜欢集体的概念。集体是必须“聚集”的东西。如果聚集得不好，我们就无法表达任何东西。因此，这不是一个用社交网络和流传的东西取代你自己的意见的问题；那样的话，人们就无法了解自己的立场。在这些研讨会上，我们只是从伤害出发，而不是从一般问题出发。例如，我们的一位农民朋友以他所加入的农民联盟（FNSEA）的形式开始了他的描述，即以农会成员的身份，通过攻击农业机械来捍卫自己的立场。这时候，你就必须站出来说：“不，不是这样的。请列出你所依赖的所有人的名单。”你无法独自描述事情，你需要向人们施加强大的压力，逼迫他们去做。

回到他的描述，我们的朋友意识到他所依赖的很多东西都受到了威胁，尤其是在利穆赞地区。他所依赖的欧盟农业政策法案（PAC）正在布鲁塞尔的某个地方被改写。他依赖供应商，他想知道自己是否可以不依赖这些供应商卖给他的东西。但怎么做呢？他开始列出自己依赖的所有东西的清单……他需要帮助。因为他看到了其他人的反应，他设法重新考虑自己的处境，“事实上，我可以生活在与我现在所处环境完全不同的地方”，这就是我前面所定义的“领地”。一年后，这位农民开始了一场类似革命的蜕变，尽管他仍然是农民联盟的成员，但他已经彻底改变了自己的农场。

这是为什么呢？通过描述，我们可以将情况形象化，然后再进行安排。这就是我对“着陆何处？”这个问题感兴趣的原因。这只是一个很小的核心样本，一个很小的例子，但我们就是在这个细微处上进行基础研究的。我一直在重复自己的话，但有必要再次指出，我的研究模式是“陈情表”：在一个特定的领地上，对不公正情况的描述揭示了向机构、国家或当时的国王陈情的可能性，以及对其管理提出影响深远的变革建议的可能性。倘若你不知道自己生活在什么样的领地上，那么，你向政府提出的要求可能毫无意义。但是，既然领地已经发生了变化，那么政府现在必须认识到，我们自战后以来为使法国现代化而建立的行政体系也不再合适。

根本没有生态国家。我们不知道什么是生态模式，它既能带来富足、自由，又能保持解放，同时还能适应封闭的环境，即宜居的环境。无论是在美国还是在德国，没有人对此有任何观念。然而，成千上万的人正在尝试和摸索这一模式。我想表达的观点是，我们必须像大革命时期那样，从单打独斗开始，"着陆何处?"让我能够在我们采集的极小核心样本中验证这一点。然而，这在今天要困难得多，因为对我们赖以生存的世界的描述已因三个世纪的经济发展史，尤其是全球化而变得无限复杂。虽然这是一个不争的事实，但当你生活在利穆赞、布列塔尼或其他任何地方时，你所依赖的世界与你相距甚远。例如，布列塔尼的猪需要来自巴西的大豆。如果我在布列塔尼，当我关注布列塔尼人民的时候，我不能说这是巴西的事情，从而忽视我所依赖的这个世界。如果我承认，我必须理解并调和这两者，那么政治任务就变得完全不同了。当你描述你所依赖的事物时，所出现的问题对政治问题产生了非同寻常的制约。

这就是我所说的阶级是如何出现的，它不是传统意义上的社会阶级，而是地缘社会阶级（classes géo-sociales）。例如，当你允许巴西大豆问题在布列塔尼内部爆发时。如果你想了解布列塔尼的宜居性问题，你就必须先了解巴西的大豆问题。对于那些最终会问自己"我在那里能做些什么?"的人来说，不可否认的是，他们会感到很沮丧。提出这个问题的人也可能感到沮丧，但他们的身体状况却不尽相同，因为这种描述所产生的意识也重新创造了行动的能力。这就是我们在

“着陆何处?”运动中特别感兴趣的点：能够对自己说，我们可以着陆；能够对自己说，如果我能够在自己的小范围内做事，那么我仍然有行动能力，因为小范围指的就是世界的合成。

当我们重新开始描述工作时，我们就避免了所有政治讨论的过错，或者至少避免了灾难。我们必须系统地立足于更高的层次，然后走向另一个普遍性制度。政治不是要改变普遍性的层次，而是要顺着我们的依赖和隶属关系网络走得越远越好。我们这样做并不是为了治疗，但不可否认的是，它能恢复人们的政治能力。显然，这只是很小范围的层面，但大局无小事。新冠疫情给我们提供了一个绝佳的范例，那就是这种微小的、不断扩散的新冠病毒在短短三周内就占领了整个地球。这是一个很好的例子，它说明了如何从小的多方面联系组成大的格局。

‡ 第五章　新生态阶级

张：您曾说，为了对抗地球毁灭，需要出现具有共同利益的新的地缘社会阶级。您对您提出这个生态阶级感到自豪，并认为可以通过与之前不曾打过交道的人们、团体和实体结盟，来一起斗争。

拉图尔：是的，这是一个比其他问题更加具有创造性和思辨性的问题。这个生态阶级到底存不存在？我又一次履行了我作为哲学家的职责，那就是预测和命名我们所感受到的东西。目前，我们感觉到生态问题变得与过去的政治问题一样重要，这些关于生态问题的争论十分合理，也很有趣。但是，它们之间的归属关系和直接关联已经迥然不同。这就是我所说的新阶级的到来。这不是传统的、马克思主义启发下的社会阶级，而是伟大的文明社会学家和历史学家诺伯特·埃利亚斯（Norbert Elias）所说的文化阶级（classes de culture）。

总有一天，生态问题将成为中心问题，而正是在这种文化中，朋友与敌人之间的联系和分界线将被确定下来。目前，情况还很复杂，因为我们的认知并不清楚。在每个问题上，都存在争议，比如风力涡轮机。没有一个环境问题不存在争议。因此，我们必须建立斗争阵线——我们又回到了阶级的旧定义。但这一次，斗争阵线将不仅仅关乎自由主义和社会主义的生产问题以及生产产品的分配问题（这只是一个简单的概括），而且还将涉及宜居性问题。这些绝对是我们以前从未考虑过的新的、困难的政治问题。我们的前辈不会像我们那样，在做每一个决定时都要问自己，我们是否还应该考虑大气层的温度。当然，他们会关注干旱、森林消失和其他问题，但不会关注大气层。他们不会考虑到这一点。现在，我们必须在决策的细节中考虑到这一点。

我们必须牢记，这些我称之为地缘社会的范畴仍在形成之中。很明显，生态问题正在成为最核心的问题。但有人否认这一点，也有人不知道如何处理这个问题。也正是在这些与之相关的方式中，我们看到今天还未出现十分明确的表述："是的，这是一个正在形成的新阶级。"

我想以埃利亚斯为例。这不一定是正确的，但它允许我构建一组夸张的平行关系——之所以很夸张，是因为我提出的事物发展并使其被理解的方式。埃利亚斯的伟大主题是重新理解（反思）资产阶级模式的文明进程，而不再是贵族模式的文明进程，他探讨资产阶级是如何通过使用一系列模型来掌握权力并发明自由主义来反对贵族及其价值观的。因此，套用埃利亚斯的说法，我们可以说，“就像资产阶级嘲笑贵族阶级的局限性一样……”，并提出如下假设，尽管这仍然是一个关于未来的假设，“……同样，我们可以想象一个生态阶级会对资产阶级提出类似的责难：在资产阶级崛起之时，你们也有和贵族阶级一样的政治局限性，你们的行动观也有和贵族阶级一样的局限性”。

我承认这是一个巨大问题！不过，这一切都有助于我们理解埃利亚斯的一个高屋建瓴的表述。他解释说，资产阶级在崛起之初比贵族“更理性”，因为资产阶级的想象和见识比贵族的行动视野要广阔得多，尤其是在发明、生产和迅速发展生产力方面。通过普鲁斯特使用的一系列说法，我们可以看到这一点。我觉得埃利亚斯关于更理性的资产阶级的表述非常有趣。因为在我的幻想中，我声称生态阶级必须说：“我们比你们自由资产阶级更理性，因为在整个二十世纪，你们都无法理解生产所处的基本状况是地球的宜居条件，而你们却把它搞得一团糟。你们是非理性的。”你怎么能想象，一个阶级无视生态问题、温度问题长达一个世纪之久，还能谈论理性？当然，生产是非常重要的。生产的分配问题也很重要。但是，所有这一切都蕴含于其中，蕴含在让生产成为可能的因素中，蕴含在我们认为应优先考虑的因素中。这就是我们可以而且必须让生态学家感到自豪的地方。自豪感很重要。

我们，生态阶层，自豪地说：“我们代表着新理性和新文明的进程，代表着文明进程的进步，因为我们考虑的是地球宜居条件这一基本问题。”这是对行动观的重新定义，是对时间观的投射。这正是当前政治所不具备的视野，也是政治制造了各种灾难的原因。资产阶级自由派大谈经济复苏，但他们的心思并不在这上面，尤其是在新冠疫情之后，他们已经放弃了计划。但是，一个阶级有一个视野是非常重要的，因为一个阶级首先需要一个计划。今天，仍然没有一个阶级会说："我们正在接管一切，我们就是新时间观。"

这种视野不应被理解为进步观。这很复杂：它不是进步，但仍然是繁荣。繁荣和进步不是一回事。这不是通过忽视生存条件和抛弃过去来重演旧的解放，而是认识到"我发现我依赖于所有这些生命，无论是蜜蜂还是燕子……而依赖是件好事"，在这一事实中找到另一种解放的可能。因此，这也提出了一个政治哲学概念：自主（autonomie）观念。什么是自主？之前的解释非常糟糕。在某种程度上，你必须生成为"多样自主"（hétéronome）！在这些问题上，我们不能急于求成，因为我们必须重塑自我。正是因为我们正在改变我们的宇宙观，所以问题才会如此复杂。我们需要找到一种能够解决这些问题的政治力量，让我们可以说："你们总是说不需要更多的创造，不需要更多的乌托邦，不需要更宏大的历史意义……"

张：不需要宏大叙事。

拉图尔：对。“……但我们有一个更宏大的另类叙事。”这就是社会主义所做的事情：一百五十年来，它创造了关于历史、进化的另类叙事……我们没有意识到经济科学家所做的众多的知识和文化工作，首先是由自由主义者完成的，然后是由社会主义者完成的。生态学家也有同样的工作要做，那就是重新定义什么是历史、什么是科学——这一点非常重要——并重新定义时间跨度，而这并不一定是进步、发展或外星时间跨度。我们今天需要定义的是一种政治，在这种政治中，阶级斗争的定义是由我们以与如下问题相关的方式给出的：你们是否在维护你们所精确描述的地球的宜居条件？在这个条件下，你们现在可以辨别什么是重要的、什么是不重要的。因此，那些将自己与宜居性这一根本问题联系在一起的人就是阶级兄弟，就是斗争中的兄弟。这样一来，我们又回到了传统政治，每个人都在争论一切。但这很正常，至少我们知道该争论什么。在当前的政治灾难中，我们不知道该争论什么。你不得不承认这有点乱。我们有什么样的视野？我已经七十五岁了，我记得在密特朗总统之前，只要看看政党、纲领和口号，你就能找到政治的方向，你可以找到每个政党的利益所在，并知道该投谁的票。当时有一种可能的一致性："我属于我的阶级，我有我的利益，我有代表这些利益的政党和纲领，因此我投票。"所有这一切都已土崩瓦解。65%的选民弃权并非无关紧要。世界已经发生了变化，在环境的作用下，相应的政党一个接一个地完全分崩离析了。这种一致性终于消失了，我们不可能通过建立一个声称要占据爱丽舍宫的政党来重新找回这种一致性。在这方面，生态主义者是在自欺欺人。现在，我们必须自下而上地重建政治。我感兴趣的是，一个市民社会应该如何重新定义自己的领地及其成员，从而定义其利益，进而定义其关系、阶级盟友等，从而实现自我重建。然后，就会有政党，之后就会有选举，你可以投票选举政党，但这还需要经历很多年。

我们发现自己处于这样一种非同寻常的局势之中：近两个世纪以来，按照自由派和社会主义者之间的斗争来组织政治的结盟实际上已经分崩离析了。这其中有许多不同的原因，尤其是社交网络的作用。尽管如此，但我认为对我们的政治影响最大的是新的气候体制，我们没有命名它，也没有认识到它是根本问题所在。现在的问题不再是财富的生产和分配；现在的问题是，是什么包含了这些问题，是什么围绕着这些问题，是什么促成了生产系统，是什么比生产系统重要得多。说到底，我有什么资格为另一个阶级提出这样的建议？我籍籍无名，我只是在命名……但我命名的概念却让生态学家们心潮澎湃、自豪不已。

‡ 第六章　发明集体装置

张：您的工作方法是建立装置（dispositif），特别是在集体内部的装置；您开展的是“集体合作”的工作。这是否与您对哲学和社会学的理解有关？

拉图尔：2002年，我们在卡尔斯鲁厄艺术与媒体中心（ZKM）举办了“偶像破坏”（Iconoclash）展览。不是“破除圣像”（iconoclasm），而是悬置的、不确定的破坏行为。

这绝对是一次杰出的思想展示，以解决我自己无法直接解决的问题。当时有七位不同领域的专家，包括艺术史、犹太教史、建筑史和科学史的专家，因为在无图像思维的观念中也有一种科学的破除偶像崇拜的运动。我们建构了一个美轮美奂的巨大空间——这正是展览的魅力所在，也是书本无法做到的事情。在这个空间里，参观者可以边走边扪心自问："作为一个建构主义者意味着什么？"这是一个绝对怪异的集体和设置，在展览中，观众从马列维奇（Kasimier Severinovich Malevich）的画作前走到被新教徒摧毁的天主教堂，反之亦然。从那时起，关于这个展览的论文已经有好几篇了。所有这些集体活动也是真正的弯路，因为我没有能力独自解决所有这些问题。

张：您经常说，您创造了由一批比您更专业的人组成的集体。

拉图尔：是的，那些比我了解更多的人给了我答案。

张：但仍然是您在引导问题？

拉图尔：之所以提问，是因为这是我作为哲学家的工作。比如，我做了很多关于“物的议会”的工作，也写了很多关于“物的议会”的文章。但我写这些文字并不费力。我提出如下问题：“在物的议会中，非人行为体意味着什么？在我们所讨论的诸多生命体代表自己的物的议会上会发生什么？”最轰动的事情就是在2015年缔约方会议召开前夕，我与弗雷德里克·艾伊-图瓦提（Frédérique Aït-Touati）一起创造了一个有很多学生参与的装置，并共同表示我们要真正做到这一点。换句话说，就是创造一种情境。于是，在楠泰尔（Nanterre）的一个剧院里，几百名学生玩起了创造情境的游戏，以验证我提出的一个哲学问题是否准确。在大会上，我们不仅有来自美国、法国、德国和巴西的代表团，还有一个特别的来自亚马孙州的代表团——不是代表整个巴西，而是代表亚马孙州，还有一个海洋代表团、一个北极代表团和一个石油代表团，每个代表团都代表自己发言。就像在缔约方会议上一样，会议秘书说："美国代表，你有两分半钟的时间；海洋代表，你有两分半钟的时间。"随后是详细的谈判，美国在谈判中听取了大洋洲在海洋捕捞问题上的意见，他们参与了这一问题的讨论。这很吸引人！当然，这次行动有些天真，它仍然是一种虚构，一种角色扮演游戏；但它使我们能够面对一个基本哲学问题，并让人们再次了解这个问题。

我们正在谈论的这些东西涉及生态问题，它们进入了政治领域，而且一直是政治问题的一部分，但我们还没有意识到这一点。这里有另一种表达方式，这次是使用宗教隐喻。"有发言权"意味着什么？我为此写了一整本书，即《自然的政治》。它的意思是建立一个符合议会秩序的东西。在这种情况下，我们能将其付诸实践，真是一件振奋人心的事情。在同一个地方，在卡尔斯鲁厄艺术与媒体中心，我们举办了一个新的展览，从哲学的角度来看，这个展览同样令人兴奋，因为它“将物公之于众”。对于我们之前谈到的收藏家，我们再次提出了一个基本的哲学问题：目前有多少种谈论非人的方式，如何同时表现它们？在这个巨大的空间里，参观者再一次看到了他们从未想象过的东西。议会集思广益，即组织和召集公民集会，以决定未来的方向，这既是技术、经济和法律问题，也是议会的组织问题。展览中有一个议会展区，但它只是其他展区中的一个小部分，几乎只是一个展台，而其他展台则代表了其他谈论政治方式的收藏家。这样做非常好。展览是一种非常美丽而有力的媒介，让参观者有机会以写作之外的方式处理哲学问题。

这就是我所说的经验哲学。再说一遍，这是一项集体工作：举办一次展览需要两百人一起工作两年。我学到了很多我不知道的东西。你可以说这是一种方法，但在某种程度上，这也是我的局限性造成的。因为我不知道如何处理问题，所以我让其他人来处理。我把比我懂得多得多的人召集在一起，试图处理那些基本的问题，当我试图在我的小办公室里整理文本时，我一个人无法解决这些问题。

当盖娅闯入时——用斯唐热的话说——我对自己说："太强了。与盖娅面对面地接触会让我崩溃的。"于是，我再次与比我更了解盖娅的人——弗雷德里克·艾伊-图瓦提和克洛伊·拉图尔聚在一起，告诉他们："在我看来，戏剧这种媒介非常适合表达盖娅的到来所产生的情感。如果没有戏剧，它就太强了，而文本允许我们使用的术语也太弱了，因为这种宇宙观的变化太触动人心了。"所以我们创作了一出戏，然后我做了三次戏剧讲座。我根本不想把自己当成剧作家。哲学不是一种元语言（métalangage），所以它可以与其他模式产生共鸣，在各种不同的媒介中，展览与戏剧或演讲一样，都是哲学工作的载体。

如果有人认为思想展示是拉图尔思想在空间中的应用，那就大错特错了。事实是，拉图尔先生并不知道，但他觉得需要思考一些东西。他需要他人的作品来实现这一目标，而正是从这些作品和参观者的反应中，他可以了解到自己在寻找什么。这就是它的魅力所在。当哲学不再故作深沉地追寻本质问题时，我们就可以采用完全不同的手段来探索哲学。写书固然很好，但你还需要做很多其他的事情。例如，你必须教书，你必须创立学校。我创立的不是学校，而是若干种教育体系。我创造了SPEAP，即科学大学政治艺术学院（l'École des arts politiques de Sciences Po），它已经存在了十年。

为什么这么提问呢？因为倘若没有艺术，我们就无法解决所有这些生态问题。如果你没有生态物质转换的能力，那这些问题就太沉重了。你只会感到焦虑不安，工作也就无法完成。因此，你必须找到不同方法之间的联系。但是，要说服法国大学相信创作一部戏剧与创作一本经济学或社会学教科书一样重要，这太难了！如今很少有人在研究这个问题。对我来说，大学不再是洪堡（Humboldt）在十九世纪创立的那种大学。这不是一个先锋的问题，也不是一个等待项目涓滴渗透到好人身上的问题。恰恰相反，我们需要让大学凭借其研究力量，以非常实际的方式帮助那些正在经历土地变革并试图了解自己所处位置的人们。为了扭转大学的发展方向，使其不再成为基础研究的先锋，我们当然必须继续开展基础研究，这依然非常重要，但更要使其转向为那些受到影响的人服务。服务并不意味着“我教你一些你不知道的东西”。因为我们正从现代历史中走出来，我们不知道这片新大地是什么样子，我们已经陷入其中。所以，我们需要竭尽所能，找到探索这一新局势的方法，这样人们才不会惊慌失措，迷失方向，我们也不会继续见证当下的政治令人窒息的绝望氛围。

张：所以，你们制定了计划，创立了团体，创建了学校。你们是否意识到，你们还“树立了榜样”？

拉图尔：有一个生态系统让我受益匪浅，但这个生态系统极其复杂多样。它不是一个学派，不是过去用来定义哲学流派的任何一种意义上的学派。没有所谓“拉图尔主义者”，就像没有“德勒兹主义者”或“福柯主义者”一样。这样更好，因为这根本不是重点。我们的目标一直是创建一个集体，在那里，各学科和不同类型的媒介都处于平等地位。这一点非常重要。我尊敬的许多年轻研究人员都声称：“为了从现代化转向生态化，换句话说，从现代化转向在地球宜居范围内同时保持富足和自由，我们需要进行这样的转变，这种转变规模之大，需要我们所有学科的参与，需要我们在大学、博物馆和其他所有机构中就所有可能的和可以想象得到的问题开展合作。”我在这一转变时刻提供了帮助，我希望能够再次提供帮助，为我们提供手段。我还没有成为一个榜样，但我相信这里有一个真正适宜于今天的模式，那就是在完全不同的学科中开展集体工作，这些学科使用的媒体不尽相同，但却能解决相同的问题。我们不希望先在A级或B级期刊上发表论文，然后再向公众传播，而是希望将我们的注意力转向公众，他们发现自己所处的困惑状态至少与研究人员相同。这是一个绝对必要的模式。

‡ 第七章　宗教的真理

张：在《朱比耶或宗教言论的艰难》（*Jubiler ou les Tourments de la parole religieuse*）一书中，您写道："这是他想谈的。这是他不能说的。他的舌头像牛一样，有语言障碍，无法表达。他无法与人分享他长久以来的心事。在父母和好友面前，他只能隐藏起来，他只能磕磕绊绊。他怎么能向朋友、同事、侄子和学生坦白呢？"

"他"，布鲁诺·拉图尔，就是您。我不想问您信还是不信，因为我知道，从个人和哲学的角度来看，这都不是解决问题的办法，我只想问您：为什么可靠地说话如此困难？

拉图尔：宗教话语与一种非常独特的真理相对应：宗教话语具有转变和改变话语对象的特性。一个基督徒、传教士或信徒，通过他的言语和所讲的内容，改变了他所讲之人的存在。这与科学家在实验室里、政治家在选举中、律师在工作中试图做的事情不同……再说一遍，宗教的验证方式非常特殊：它的基调和我们所说的幸福条件（它可能失败）都是独一无二的。这就是这些不同的真理模式的有趣之处：它们都可能失败。你只要去听一次布道，就会发现它其实经常失败。几天前，我亲自为我那可怜的妹妹送葬，她葬礼上那位阴沉的牧师的灾难性布道是一次完全失败的演讲，教堂里的人绝不会因此改变信仰。就像科学事实很少被发现一样，人们很少会看到宗教言论。

但是，这种非常奇特的语言形式让言说者具有了十分独特的地位，这种言说与绝对真理的观念有着某种联系。我非常喜欢伟大的埃及古物学家扬·阿斯曼（Jan Assmann），他就这个问题写了几本引人入胜的书。他的观点是，我们西方文化中的所谓宗教实际上是一种将真理概念引入宗教问题的宗教。在此之前，宗教并不一定是真实的。希腊人的宗教，甚至雅典的宗教都与斯巴达的宗教不同。这些宗教都是公民宗教形式的，而且不仅仅是公民宗教形式的——我们并不需要相信它们是真正的宗教。但“真正”是什么意思呢？这就是真实性模式问题的关键所在。从真实性的意义上讲，“真正”是指我所说的话能够改变对象的力量。正是这种皈依真理的模式，通过慈善行为从一个千年延续到另一个千年，这种行为定义了我们可以称之为信仰的东西。

还有一种真理是：“我们的上帝才是真正的上帝。”这种真理有可能为其他形式的真理所取代。阿斯曼认为，这就是犹太-基督教的事。没有哪个希腊人会说“阿波罗是真正的神”或“宙斯是真正的神”。当真理的概念可以与神的概念联系在一起，且这一惊世骇俗的观念被引入世界时，真理就开始侵蚀其他形式的真理。于是，宗教开始入侵其他模式，宗教声称自己不仅在宗教模式中是真实的，而且在道德、科学和法律中也是真实的。

你引用我的这句话时，完全误解了宗教。宗教最大的灾难在于政治，即如果宗教在其自身模式之外是真实的，那么它在面对政治时就拥有霸权。我们伟大的导师斯宾诺莎在一篇才华横溢的文章中提出了这个基本问题，他正确地称之为《神学政治论》——这个题目有点怪异。斯宾诺莎试图在另一个时代揭示这个问题：我们能拯救政治吗？我们能否拯救政治自身的真理模式，将其从宗教中拯救出来？因为宗教也有自己的真理模式。

我之所以说这是在十七世纪提出的问题，是因为今天人们也在追问这个问题。我们也有一些神学政治问题，不仅是基督教的问题，还有其他宗教的问题。为了解开与政治意义上的真理之间的联系，我们需要提取宗教模式所特有的真理描述类型。这很有意思，需要我们追溯到君士坦丁大帝时代，并了解这一过程分为几个阶段：在基督教成为一种制度时，以及在十世纪发明了所谓“政教合一”（caesaropapism）时，即从那时起，基督教将决定行政和文明的总体管理，它将处理从内心深处的道德到一般政治的一切事务。后来还有其他一些例子，在这些例子中，政治模式的正确性和宗教模式的正确性都业已沦丧。

斯宾诺莎的用语看似奇怪，但却十分重要，这的确是一个在我们的历史中不断出现的神学政治问题。在这本书中，正如在其他许多书中一样，我们的目的是厘清宗教真理的本源，从而避免将其与信仰混为一谈，或将其与宗教是布局世界、面对道德、处理政治的手段这一观点混为一谈。

张：然而，读了您的论著，人们会觉得，虽然神学不能拯救政治，但它可以尝试解决生态问题。我特别想到了2015年教皇的通谕《圣训集》，其中阐明了地球的呼声和穷人的呼声。一方面，神学，尤其是在这个周期性的时代，似乎可以解决气候问题，帮助我们走出在危机面前无能为力的困境。另一方面，您同意德国埃及学家扬·阿斯曼的观点，即神学的一神论表达方式既试图将自然与文化分开，又试图展示其存在方式的霸权，这在某种程度上犯了现代人的错误。我们该如何看待这一悖论呢？

拉图尔：科学的霸权对应着宗教霸权的转移，不幸的宗教徒唯一能做的就是谈论超自然现象。对于神学家来说，生态学要素无疑重新开启了阐释的空间。我是这样对他们说的："看看你们拥有的巨大机遇吧。一个半世纪以来，你们一直在问自己教会是否应该现代化，而现在你们不必再问自己这个问题了：你们一直在反对的现代性已经不再是问题了，你们还不知道如何将自己置于其中。现代性在你们面前终结。”尽管如此，但他们的观点并不总是自洽的。要向主教或神父们解释生态学的发展是重新提出“道成肉身”等问题的绝佳机会，仍然异常困难。然而，这种今天已被抛弃的观点，即世界先于天堂而来，却是教会本身的传统，是教会教父们曾经不可或缺的经典问题。

现代性的终结使教会能够再次开启这一反思领域，并重新发现了自己的传统，即上帝成为人：一位在大地上的上帝，一位在造物中的上帝，一位参与造物的上帝，一位与造物同源、同流的上帝。生态学在神学层面上提供了一个契机：我们还有很多事情要做，或许这会让我们不再谈论圣母玛利亚，以及其他诸多“屏幕”（écrans）连续累积叠加形成的东西。每一个“屏幕”的发明都有很好的理由，但这些理由可以追溯到几个世纪以前。

你引用穷人的哭声与盖娅的哭声之间的联系这句话是对的。从现代宇宙学的角度来看，这显然毫无意义：大地不会哭泣，我们也听不到穷人的哭泣。这种非凡的融合在世俗世界中是无法想象的，在世俗世界中，“穷人”意味着“社会弱势群体”，神学所理解的“贫穷的灵魂”是没有意义的。只有在生态学中，我们才能开创新的可能性。教皇正在创造一个新的神话。许多人，许多神父和红衣主教，都对这一惊人的发明感到愤怒。“我的姐妹地球”，这太怪了！怎么解释呢？当教皇说出这样的话时，神父该怎么办？从此以后，机会就来了。

我们不应将生态学视为新的宗教意识形态，而应认为生态学开启了一种新的潜能。这是一种非常广泛的生态学，它让我们（不一定是所有的基督徒）达成一致，让我们所有目睹现代性终结、试图了解如何重新发现政治价值的人达成一致。这是一个重新文明化的机会。我们被现代性文明化了，但文明化得并不好，因为我们已经陷入了僵局。现在，我们可以通过生态问题让自己重新文明起来。

‡ 第八章　完成的科学

张：与当今许多研究生物世界的思想家不同，您并不是经历了捍卫濒危物种或守护某些区域才开始研究生态学的。是哪些社会学和科学哲学问题引导您走上生态学之路的？

拉图尔：生态学并不是我的主要研究课题。我是通过分析科学家的活动来研究生态学的，当我开始观察科学是如何完成的时候，我就开始研究这个课题了——这是我多年前与米歇尔·卡隆（Michel Callon）合作出版的一本论文集的标题，是关于“完成的（qui se fait）科学”，而不是“被做出来的（faite）科学”的。科学总是在争论中完成的，换句话说，其中夹杂着些许政治因素、些许自我意识，以及科学家之间简单的竞争态势。目前，在新冠研究、杀虫剂科学，甚至气候问题科学等方面都完全可以看到这一点。

我说的是实验室，它让我沉迷了五十年。正是在这里，我才有了像内啡肽一样重要而有趣的事实和发现。现在每个人都知道内啡肽！但当我在圣地亚哥的索尔克研究所的实验室里研究时，日复一日，我看到内啡肽被制造出来，以某种方式在我所在的人工场所出现。这让我着迷。你带着经典的首字母大写的科学（Science）认识论来到这里，而在现实中，你会发现一些绝对奇妙的事情：正是因为实验室是人为的，所以它才能确立某些事实；正是因为这些地方很罕见，所以你才能得出确定的结论。发现是一件非常罕见的事情。

张：作为一名社会学家，您为什么对科学和

实验室感兴趣?

拉图尔：实验室让我们能够思考这一巨大的矛盾，即客观性是生产和制作出来的东西。这是认识论三百年来一直在处理的一个巨大的哲学问题：我们如何得出科学真理。换句话说，我们如何在同一句话中将“科学真理是制造出来的”和“科学真理是真实的”联系起来？我们又该如何面对这个问题呢？我的答案是“让我们去发现”。这种转移注意力的方法已成为我处理问题的惯用手法。要回答这样一个被动的哲学问题，你需要一个领域，需要一个地方。在这里，你可以看到事情是如何发生的，它们是如何被制造出来的。福柯就是这样做的。

这也正是我在实验室工作两年的原因：通过对实践细节的分析，解决一个哲学问题。我意识到，这个巨大的谜团完全可以通过经验来研究，通过追踪我们如何在几个小时的时间里，从

“这是内啡肽，但我们还不太确定”到“这是确定的，这是一个既定的事实”来研究。一个无法解决的哲学问题，即“我们如何获得科学真理？”可以通过实证研究来解决。而实证研究是实现这一目标的唯一途径，这正是实证研究的魅力所在。显然，要想了解事物是如何运作的，你必须花费大量时间，并结合一系列原理、方法、人类学和哲学来分析一些惊人的事物。内啡肽在傍晚五点钟仍然是一种可能性，而在五点半的时候，内啡肽已经成为事实，这绝对是耸人听闻的。

张：的确如此。那这是如何成为可能的呢？

拉图尔：这些都是通过微不足道的手段完成的，但它们是实验室中所发生的事情日积月累促成的。例如，从实验小白鼠对提出的问题（如注射内啡肽时观察到的情况）做出反应的方式，到同事们反复反驳自己最初假设的方式，不一而足。这是一系列无法回避的争论，因为正是争论，才有可能对实验室产生的反应进行定性，或者使其更加确定、更加严谨。在我做研究的实验室里，同事们对内啡肽的研究持批评态度，但你必须记住，与此同时，还有其他四五个实验室在竞争，而且从一个实验室到另一个实验室，甚至内啡肽的名称都可能不同。我们达到了一个稳定点，不确定性消失了。这是一件不可思议的事情：我们看到事实已经“完成”，事实是确定的。这与科学方法完全无关，因为科学方法是由各种偶然因素组成的！这就是我所展示的细节：我们在实验室中寻找不同的资源来稳定这个著名的物，它集中了我们的注意力。

斯唐热的宏大定义就是这样产生的：这种内啡肽仍然是一个未定型的事实，它授权你代表它说话，说出它是什么。在这一点上，你的主观创造、你有同事以及背后有一个社会的事实都不复存在。现在，既定的事实可以为自己说话了。当然，它是在一个人工建造的实验室里，在它背后有一个完整的社会世界，让这种内啡肽自己说话。这个物是如此美丽，以至于它完全摆脱了科学哲学的束缚。科学哲学认为，科学正是将你从舆论中抽离出来的东西，它不再与社会或政治有任何关系。我花了两年时间在实验室里看到的恰恰相反。舆论、社会和政治恰恰是科学家沉浸其中的实践，通过这些实践，他们设法产生客观事实。我和我的同事们四十五年来一直致力于证明这一显而易见的事实；我们共同创造了一部真正的科学史，一部科学社会学。但是，在我看来，科学家们却没有从中学到一丁点儿东西。

张：怎么会这样？

拉图尔：这是一个霸权问题——在我看来，这是正确的用语。我们不能说我们的研究领域的影响非常巨大，因为科学的霸权影响着整个社会的分析——在法国更是这样，但问题不限于这些。

张：正如当前的卫生防疫危机一样。

拉图尔：新冠疫情很好地说明了，人们要求科学家立即说出事实是什么。“你们是科学家，所以你们要摆出事实。”但事实并非如此！斯唐热用自己的方式证明了这一点。事实非常罕见，科学发现也非常罕见。只要你穿上白大褂，你所说的任何话都可以被认为是大写的科学，这种万能科学方法的观念是一个谎言。这是一个骗局，因为对一个学科有效的方法不会对另一个学科有效。即使在一个学科内部，在一种情况下有效的东西也不一定在另一种情况下有效。因此，我和我的同事们的想法是把这些科学从地下带出来，用哈拉维的话说，把这些“无处不在”的科学带回到产生它们的网络中。我们的观念立即引起了轩然大波，一些气得面红耳赤的哲学家斥责我们是在批判科学！恰恰相反：我们是批判认识论，而不是对科学或科学实践进行批判。今天，我坚持认为，当人们认识到科学是一种正当的科学实践，其发展不是为了构建一种“无中生有”的宇宙观时，科学才能得到更好的捍卫和理解——我不得不说，气候危机和新冠疫情更加明确地证明了这一点。

如果科学实践得出了客观事实——这是我们唯一能在科学上确信的事实，那恰恰是因为不同的同事详细跟踪这些事实；恰恰是因为科学实践需要建立人工实验室，并且需要资金；恰恰是因为它犯错、犹豫不决和十分罕见。但是，这并没有成为科学家的教条和通论的一部分。

张：情况开始发生变化，尤其是联合国政府间气候变化专门委员会（IPCC）。您说IPCC的一些成员有时会告诉您，他们需要您和您的科学哲学来理解我们身边正在发生的事情。

拉图尔：气候科学尤其有趣：它涉及物理、化学、大量模型和算法，依赖于海洋中的浮标、卫星、岩心采样……总之，它是由数以亿计的不同数据点组成的拼图。它并不像过去的哲学家所说的那样，是一门假设-演绎科学。它是一门将多个数据组装在一起的科学，就像用千丝万缕编织成的地毯一样坚固。同样是拼图，几乎早在二十世纪八十年代，人们就已经确定二氧化碳会使地球温度升高。既然我们已经确定了这一点，那些从事气候研究的人就认为人们接下来会采取行动。他们大吃一惊。人们不仅没有采取任何行动，而且还在他们认为可以以科学权威为自己辩护，声明“科学是这样说的”时，对他们进行了攻击。无数的游说团体立即反驳说这是假新闻，科学的说法完全不同。我为这场始于二十世纪九十年代的争论做了大量工作，这场争论至今仍未结束。

我特别感兴趣的是，它让科学家（气候科学家、地球科学家、临界区的科学家）意识到，这种著名的认识论对他们的保护非常不力。这种认识论在“科学”（science）中标注出了一个大写的S（Science），他们依靠这种认识论说“科学是这样说的，行动就会随之而来”。但是，显然大写的科学（Science）并不存在。在某种程度上，他们是在手持木剑为自己辩护，他们说：“看，我们是科学家，我们是对的。”他们受到攻击，士气低落。就在那时，他们中的一些人找到我和我的科学同事，请求我们的帮助。但我们提供帮助的条件是，他们必须接受这样一种观念，即他们的科学探究是一种实践，位于非常特殊和非常昂贵的网络中，是一种必须非常小心维护的实践。你必须摒弃一种错误的、万能的观念，即只要你是科学家，你说的话就是科学的。科学家不是万能的，科学也不是独立存在的。

问题在于，科学家们既想得到自己的蛋糕，又想吃掉它：他们既想要科学实践，又想让自己定义真理的特殊方式凌驾于其他方式之上，如观点、道德、宗教……因此，甚至连经济学家都自称是科学家，而这是完全没有意义的。大写的科学被用作一种箴言。这是一种论辩用词，但与科学实践完全无关。

‡ 第九章　实存模式

张：发现出版社在2012年出版了您的一本重要著作《实存模式探究》(*Enquêtes sur les modes d'existence*)，在这本书中，您反对科学、宗教和其他某些存在模式的霸权。在您看来，哲学是否正是多元实存模式的守护者？

拉图尔：我从来不知道我是社会学家还是哲学家……

张：所以，这就是我要问的问题！

拉图尔：总体来说，我还是一位哲学家，但

我也试图解决一个社会学问题：社会是由什么构成的？社会应该是由社会关系组成的。但在我有幸与矿业学院创新社会学中心（CSI）的朋友们共同开展的一个项目（也是一个集体项目）中，我们认为，社会学不是社会的科学，而是关联的科学。社会学研究的是那些互不相关的事物之间的异质性关联，譬如技术、法律、科学……

我一直认为这背后有一个真正的哲学问题。我的同事都是真正的社会学家，他们从来都不同意我的观点。对于我这个经典哲学家来说，问题在于真理。什么是真理？哲学的基因（DNA，如果我们可以用这种庸俗的表达方式的话），就是对整体感兴趣。这可能是黑格尔的总体性，但也有许多不同的总体性，比如怀特海的总体性。

张：也就是说，哲学试图思考整体。

拉图尔：哲学试图思考整体，思考世界的一切。这是一个平庸的问题，但我一直认为这一点是不言而喻的。但与此同时，哲学做不到；哲学知道自己做不到。它不一定是批判的，但它是不确定的，是探究的。这又把我带回了我的一个经典哲学问题：什么是真理？

研究宗教的实存模式中的真理问题，已经让我对此有了一定的了解。作为实验室研究的一部分，客观性的产生也让我很感兴趣。在这里，它也确实是一种真理模式；但最令人震惊的发现是，它是如此的局部。在从实验室（老鼠接受测试的地方）到出版的复杂道路上，如果你错过了任何一步，事实就会烟消云散。只有从一个点到另一个点，才能获得真相。不知道为什么，我从小就对这个“从一个点到另一个点”，即“过程”的问题很感兴趣。你不能跳过任何阶段，你必须为你所经过的每个阶段付出努力。

把这个“从一个点到另一个点”的问题归结为伟大的哲学问题似乎有些奇怪。但这就是我的方法，如果可以称之为方法的话：对整体问题感兴趣，但通过一种非常细致、非即时的机制来达到整体。在实验室里，客观性是一步一步获得的。在法庭上，你也必须从一个点到另一个点，不放过任何一个步骤。这就是我对法律如此感兴趣的原因。“法律事实”是一个非常不错的例子，它展示了一个完全不同的、另类的真相。如果你说：“对不起，你可能是对的，但你在法律上是错的。”每个人都会明白这句话的意思。如果律师承认你的证词、你的创伤，但他告诉你，从法律上讲，你错了，你也能理解这一点。但如果法官也这么说，一切就完蛋了。有一种真理绝对是法律所独有的，每个人都明白它是独立的，但也是确定的，或者更具体地说，是“在法律上确定的”。恕我直言，副词“在法律上”就是一种实存模式，一种独立的真理模式，也就是说，它对其他真理模式没有额外的霸权。

当我来到CSI时，我早就有了把各种真理模式并列起来进行比较的想法。这个问题就是与真理问题并驾齐驱的社会学问题——社会学问题探讨我们的社会是由什么构成的，以及我们的社会是如何结合在一起的。我们的社会是由法律、科学、技术和宗教组成的，是由所有这些不同的制度和真理模式组成的。社会是由这些元素组合而成的。社会是由所有这些不同的部分、不同类型的真理组成的，而这些真理是互不相容的。

当你对一个人说"对不起，你经历了可怕的伤害，但这在法律上是不真实的"时，这并不能安抚他们，但他们认识到了法律界独有的一种非常特殊的技术性真理模式。换句话说，这种真理模式与其他真理模式截然不同；它有自己的力量、自己的自尊和自己的能力，与科学的真理模式完全不同。我们不会说："在法律上它是真实的，但在科学上它也是真实的。"至少在这个意义上是这样，因为另一方面，科学家会毫不犹豫地说，科学上真实的东西对所有事物来说都是真实的，而其他宗教、法律和政治人士所产生的不过是各种见解。物理学、化学和生物学的发明都是伟大的发现，但在现代，科学的真理模式却以这样一种方式占据了上风，所有这些科学都被吞没在一种认识论中，这种科学认识论是万能的，是一种突然冒出来的观念，是一种不知从何而来的观点。与此同时，科学认识论告诉其他实践，它们的方法、思考对象、结果和发现都不过是一些主观臆断——世界已经被创造出来了。这样做是一种犯罪，你既彻底消灭了同时被你压碎的不同的真理模式，也彻底消灭了科学模式本身的真理——你不说它是如何完成的，也不说你是如何得出这些东西的，你就失去了科学生产的意义。

如果说在一定程度上，科学规律起到了指导作用，那是因为它并不一定具有扩张性。当然，想建立法律霸权的人不在少数，但很难说其他所有模式都是法律模式，这可能是因为法律模式太古老了——比科学模式古老得多，它已经形成了一个有几种真理模式并存的“星座”。让我来回答你最初的问题，我认为哲学在这里改变了方向。它继续其探寻和质疑真理的事业，但它无疑会承认有多种真理模式；不是相对主义意义上的没有真理，而是每种模式都定义了一种不同于相邻模式的表达真理的方式。

如果我们对政治感兴趣，就必须在这些问题上下功夫。因为我们完全忘记了政治也有其真理。人们鄙视政治家，批评他们胡说八道，使用着最平庸的修辞。但正是由于人们对政治的蔑视，关于政治中撒谎和讲真话的研究少之又少。然而，政治是有真理的：每个人都很清楚如何区分所说之话的真假、言辞的真伪，每个政治家基本上都知道自己什么时候在说谎，什么时候没有说谎。这即使很难界定，也有一个非常明确的标准：在从无言的抱怨到政府下达命令这个漫长的循环中，你的话是否能让你从一个阶段进入下一个阶段，并构建循环使其运转？如果你确保循环不会运转，那么你就是在撒谎。你这是在政治上撒谎，因为这又不是科学、法律或宗教谎言，而是政治的谎言。我一直对值得关注的政治问题有兴趣。要使政治值得关注，你就必须了解它的真理模式，分析和理解政治本身。

除了法律、政治和科学，我还花了很多时间研究另一种十分重要的模式：技术。技术真理与其他真理截然不同，而且问题扑朔迷离。例如，它提出了一个问题：制造出来某些东西究竟是好还是坏。

张：“这有用吗？”

拉图尔：“这有用吗？它在技术上可靠吗？”我们不应该混淆科学和技术，因为它们是两种不同的实存模式。某样东西在技术上是好的，并不意味着它在科学上是对的。许多技术史学家的研究表明，工程师对科学禁令无动于衷！他们一马当先，因为科学真理不是他们关注的问题。他们关注的问题是技术真理。

关于技术问题和技术统治的出现，哲学上的文献已经汗牛充栋，而且绝大多数文献都废话连篇。但是，我们使用的每一种机制都只是一个瞬间、一个定格，在持续变革的项目中，它调动了各种完全不同的资源。例如，技术充斥着法律术语！要理解这一点，我们只需想想数以百计的律师，他们共同校准了电信设备或我们使用的任何其他机器的代码和标准。如果我们想对技术进行思考，我们就需要从这种持续运动的角度来考虑它；换句话说，从项目而非技术对象的角度来考虑它。

同样，这种变革运动贯穿于我们试图理解其本质的集体之中，并成为其中的一部分。它不是古典社会学所想象的社会集体，古典社会学会立即想象出一种上层建筑的形式，在这种上层建筑中，所有的社会关系都会维系在一起。它就像黄油，没有硬度！这种社会学缺乏一个收集者；我们不知道社会学家所痴迷的集体现象是如何聚集起来的。对集体现象感兴趣却找不到收集者，就好比对垃圾桶感兴趣却不去询问垃圾收集者一样！因此，我和我的同事们感兴趣的正是这个问题：这个收集者是什么？

一旦社会学将自己视为一门关联科学，事情就开始变得有条理、有意义了。例如，当你研究法律与技术之间的关联时，集体就会变得有意义并具有一致性。

我从不知道自己是社会学家还是哲学家的原因是，我对实存模式感兴趣，以此来理解社会。这也是我成为哲学家的原因——如果我不是一个能够思考实存模式的哲学家，我就无法理解社会。

‡ 第十章　政治圈子

张：拉图尔先生，按照您的说法，“激进派”（le militant）从宗教中借用了人与绝对和绝对真理的关系，尽管他们宣称自己是彻底反宗教的。他们自称是真正的政治家，以政治真理的传播者自居。所以您更倾向于“活动家”（l'activiste）的态度。您如何区分激进派和活动家，您如何将其与政治真理问题联系起来？

拉图尔：要考察政治问题，我们需要做的显然不仅仅是研究选举或政党；我们需要摆脱政治的官方世界，回到集体的问题上来。在关联社会学中，集体是必须生产出来的东西。你需要一个收集者来收集它，因为现象本身并不是集体的。我已经提到过技术、宗教和科学方面的收集者……但是，我们正确地称之为“异口同声”的、来自具有完全不同观念和立场的众多人的声音，也是政治收集者非常重要的形式。

需要一种非凡的转变才能达到这样一种境地——一个人可以说：“我代表你发言。”而另一个人则回答说：“是的，如果我代表自己发言，我会说与你完全相同的话。”同样，当某人收到另一个人的命令时，他说：“如果轮到我发言，我也会说同样的话。”

这种特殊的模式是如何产生的？它意味着只要有一个人说话，就会有一百个、一千个、一万个或一千万个人说：“是的，这就是我的想法！”这不仅仅是我说的和别人说的一模一样。说的不是“一样”的东西，而是再次从一个人到另一个人的绝对点对点的转换。我们都很熟悉这种工作方式，在社会的每个角落都会遇到这种情况，在那里人们体现出一种集体的声音。可能是导演，可能是制片人……一个有雇员的人有义务一直扮演政治角色。父亲或母亲也有同样的义务组成这个集体，因为没有任何东西或其他人可以这样做。要维持这个集体并不容易，这个集体会不断扩大，因此我们说的话最终会被彻底改变。例如，如果你提出投诉，那么投诉可能会引起许多连续的变形，并转化为特定的命令或建议；如果我们现在谈论的是更官方的框架，那么投诉甚至可以转化为法规。不管是哪种框架，你都必须再次逐点想象，你要说的将是同一件事，并期望逐点将其彻底改变。

我以某种方式说话的事实被接受，这样我所说的内容才能在转变的链条中传递给下一个人，我也意识到在这个过程中它会变得完全不同，这样我们才能找到真假的标准。这是对事物的简化描述，但在从无言的抱怨到命令的下达的整个政治循环中，我所说的与被说的之间的这种差异必须得到保持。如果没有相似之处，政治就会消失。这也是最容易忽略真理标准的地方。想象一下，在一个拥有六千万法国人的社会中，无言的抱怨转变为不满，然后变成了规定，最后以命令的形式返回——最初的声明和返回的声明之间可能不会有任何相似之处。现在设想一下，六千万法国人失去了这种制造政治的能力，他们会说："我不关心政治问题。我重视我的价值观，我重视我的观点。"坚持自己的观点无异于在政治上撒谎，因为根据定义，观点必须经过转变才能传递给下一个人，而下一个人又会对事物有另一种定义，他又会把这种定义传递给下一个人，直到它回到你的手中。

这种真理模式异常不稳定，随时可能崩溃！每一位商界领袖、每一位父亲、每一位母亲、每一位国家元首都知道，如果没有背叛，就不可能实现这种持续的转变。而这种背叛是必要的。回到你提到的区别，这正是激进派所不理解的。激进派并不满足于借用宗教的真理模式；他们引进的是一个完全世俗化的版本，摒弃了宗教的变异、转化、释经和中介运动。

激进派完全失去了这些政治定义的姿态。另一方面，如果一个人知道，当他们要抵制在某地安装的风力涡轮机或当地针对移民问题的措施时，他们需要付出巨大的努力，才能以法规或命令的形式撤回这些措施，而这些命令最终会被遵守和服从，那么这就是我所说的活动家。政治的可怕之处在于，它要求我们不停地重新开始这项伟大的工作，因为如果你停止这场运动，所有人都会树倒猢狲散。

张：您能举例说明您所说的这种必要的背叛吗？

拉图尔：最常见的根本背叛是说："我已经下达了命令。这个命令你得遵守。"你怎么能指望这样的命令会有人服从呢？你下达的命令最终会被改变。没有人服从命令；人们尽可能地遵循自己理解所说内容的方式。在这里，我再次粗暴地指出，当下面的人说“我是这样想的，我有我的观点，我有我的价值观，我坚持我的价值观”时，情况就会变得更加复杂。如果你坚持自己的价值观和观点，你就不是在搞政治，你就没有为接下来的行动做好准备。这是第一个政治错误。第二个错误是说，“但这是我下的命令，我已经安排好了我们需要的一切。听着，我们已经做了很多事情。我们有很多规章制度”，并相信这些规章制度会得到遵守。这些错误中的第一个错误，即相信自己的观点，坚持自己的观点，并希望自己的观点得到忠实、透明和绝对的代表，这是近期灾难的一种形式。如果你要求准确和公平的代表性，你就会把我所说的“鼠标双击（Double-clic）”方式带入政治，政治就会消失。

张：双击的概念非常有趣。它几乎是某种思维态度的人格化，通过一种所有电脑用户都能理解的形象，指定了短路中介、跳过某一点的行为。

拉图尔：双击是一种现代魔鬼！它认为我们可以不进行调解。在宗教中，原教旨主义者中会出现双击现象。在政治上，这些人是激进分子，而不是政治活动家。当然，在科学界，你会发现这样一种思想：科学可以在任何地方进行，只要有白大褂，就有科学。目前，一定程度上，由于社交网络和数字技术的发展，所有社交的理想似乎都变成了这种从一个“我认为”到另一个“我认为”的流动，而不需要任何转换。这是一种双击，即在政治、科学和宗教之间的根本性斗争，它实际上是对所有模式的连续破坏或肢解。

自新冠疫情开始以来，人们就普遍发现了这一点：当科学家面对双击时，他就会被指控撒谎。

这是为什么呢？得出事实所需的时间和信息量是巨大的，科学家说他需要时间、统计数字和仪器，他不能急于发现事实，这是对的。我们目前正处于一个普遍指责撒谎的痛苦时期。假新闻就是其中的一个症状。并不是有些人突然疯了，而是中介（médiation）的概念消失了。我们正在经历一种中介被普遍抹杀的情况，由于这种抹杀，我们所有的生活模式都变成了谎言。我们正处于一场文明危机的中心，在这场危机中，确保我们生存的一切都受到了“双击”的攻击。面对双击，任何模式都是谎言。我们没有意识到的是，真正的谎言是政治家的谎言，他们试图使政治马上就能满足他们的要求：“你是透明的吗？你是否不经任何中介就接受我的意见、我的痛苦？”事实上，当选的政治家不得不说：“不，我做不到。它一定会在其他范围内发生变化。在面对真正的事情之前，我们还需要经历漫长的过程。”

张：您写道："真的很奇怪。一方面，你会觉得一切粉墨登场，一切已然消逝，一切都已结束。另一方面，一切都还没有真正开始。"您对哲学、政治和宗教有这种感觉吗？

拉图尔：我们正在经历一场灾难，由于我们无力应对，这场灾难现在已经变成了一场真正的悲剧。我们不得不承认，这种情况让我们感到崩溃。因此，在了解了我们所处时代面临的严峻局面之后，在从一种宇宙学模式到另一种宇宙学模式的动荡中，说这样的话显然特别奇怪，但我还是认为我们生活在一个可怕的时代。我们可以再一次将现在与十六到十八世纪相提并论，它们在从古代宇宙论向现代宇宙论过渡的过程中也经历了类似的动荡。那也是一个美妙的时代，在艺术和科学领域，在整个文化领域，发生了许多波澜壮阔的事件！我们发现自己正处于类似的局势中：各种事物正以非同寻常的方式在我们面前展开。无论如何，我认为哲学家的职责不应该是被崩溃论者和灾难论者的那些说法感动得流泪，或者在他们的言辞基础上继续推波助澜，而应该是努力恢复行动的力量。

我认为，生态学已经经历了一种信仰的迷惘，这些信仰在我们还是现代人的时候就有了，而现在早已偏离了生态学。让我们记住，现代性（它将我们带入一个不可替代的、纯粹乌托邦式的、离地的世界，一个我们将抛弃过去所有信念的世界）的这一事业，可以比作所谓“火星旅行”的观念。地球并不出彩，但前往火星却非常有趣！这种关于飞行和起飞的神话终于为人们所嘲笑，起飞的信仰正在瓦解、正在消失，这太棒了。老实说，终于要着陆了——即使着陆会引发巨大的坠毁，但着陆会让人们松一口气！因为至少我们终于降临大地了。我们回家了，我们可以试着了解发生了什么。一片风景，一片土地，一片崭新的土地正在我们的脚下，在我们的眼前打开。

这片新土地，除了人民，还需要什么呢？回到“什么样的土地就会孕育什么样的人民”这个问题是很有意思的。这就是我所说的“人种起源学的回归”，有点出人意料。我们没有意识到现代性在多大程度上让我们无法面对任何局面。作为现代人，我们不断为现代化前沿的重压所阻挡，我们有义务不断辨别出究竟什么是现代的、什么是古老的，这种辨别让人感到不寒而栗。人们必须时时刻刻封闭一切，这令人崩溃和窒息。现代性将我们封闭起来。现在，这一切都荡然无存，我们需要重新提出问题。这显然是困难的、令人不安的问题……但这些提问何尝不是一种解脱！

‡ 第十一章　美哉，哲学！

张：对“何为社会学?”这个问题，您的回答是：“社会学不是社会的科学，而是关联的科学。”对于德勒兹和加塔利在最后一次合作时试图回答的“什么是哲学?”这个问题，您的答案是什么？他们在书的开头说，我们只有在生命的弥留之际才能提出这个问题，即当我们年老且能说点实在的东西时，才能提出这个问题。他们写道：“以前，我们不够清醒，我们太想做哲学了，除了风格上的矫揉造作，我们不曾问过自己哲学是什么。我们还没有达到那种可以说‘最终，那是什么？我一生究竟在干什么?’的境界。”拉图尔先生，您这一生都在干什么？哲学又是什么？

拉图尔：德勒兹和加塔利的书非常重要。这是一本好书，它既定义了科学模式，又花了大量时间探讨另一种模式，即虚构。在虚构中，我们发现了真理的问题，也就是说，以一种神奇的方式，我们在虚构中发现了真理，从而能够认识到："是的，这是真实的，也是虚构的。"这是一种拥有特别强大力量的实存模式和真理模式。

张：您能举例说明虚构和文学作品中的真实的情况吗？

拉图尔：目前很多人讨论吕西安·德·吕邦泼雷（Lucien de Rubempré）。吕邦泼雷就像我现在坐的这把椅子一样实存着。

张：巴尔扎克在《幻灭》（*Illusions perdues*）中杜撰的这个人物怎么会这么引人关注？

拉图尔：因为，吕邦泼雷具有毋庸置疑的实存力量。德勒兹经常阅读和引用的另一位哲学家艾蒂安·苏里奥（Étienne Souriau）说过，虚构的人物有他们自己的模式，一种属于他们自己的模式。我们可以一边说吕邦泼雷的实存存在，一边自问："他以何种方式实存？他的本体论是什么？"这就需要我们了解一下思辨哲学，思辨哲学对"存在"问题非常着迷。存在是永恒的，实存是流动的，但除此之外，存在中还有其他恒定不变的东西。我们在宗教和哲学中都能找到这种观点，显然在科学中也是如此。现代人有一种迷恋，试图用比存在更恒久的东西来重新阐述实存问题。

但是，我们已经改变了宇宙观，现在我们不只是在生命体的世界里，而且生活在事物绵延的世界里，因为它们不会恒久存在。所有这些实存模式和真理模式都具有被他者操持的特殊性。这是一种反对“存在之所为存在”（l’être en tant qu’être）的方式，我称之为“作为他者的存在”（l’être en tant qu’autre）。一个存在要想继续实存下去，每次都必须经历一些别的东西，就像我必须吃完早餐才能到这里来和你们说话一样。我不断地吞咽其他东西，以便在我的实存中坚持到最后。所有生命都具备这样的特质：如果不经过他者，生命就无法在时间中持续下去。把哲学和我们对世界的理解建立在绵延之上的想法毫无意义，因为一切绵延的东西之所以绵延，正是由于它并不恒久持续。

在结束这个思辨性的小插曲之后，回到实存模式的问题上来，无论如何，值得注意的是，我们要确定所使用的他者类型。就小说而言，巴尔扎克在塑造吕邦泼雷这个人物时，经常问自己，这个人物是否站得住脚。他坚持创造的这个人物，不过是一张刮破的废纸。但是，若我们自己在阅读他的作品时能够把握住其内容的话，我们就会发现巴尔扎克从这些废纸中（在喝了很多咖啡、吃了几块排骨和七十五只牡蛎之后）创造出了一个能够站得住脚的实存。如果我们不再阅读巴尔扎克，显然，吕邦泼雷就会变得无影无踪。因此，我们在这里看到的是一个非常特殊、非常具体的存在，他是在潦草的文字中被创造出来的。他坚持着，并以一种非凡的力量坚持着，当你阅读这本书时，这种力量会紧扣你的心弦。然而，它完全依赖于那些将其扛在肩膀上的人，就像“高卢人被扛在盾牌上”——苏里奥的比喻非常漂亮！这意味着，如果你不再抱着描写吕邦泼雷的著作，或者学校不再教这本书，那么它就会消失于无形。

这是建构主义的另一个问题，在这个问题中，存在完全依赖于其生产方式，但却又是真实的。对于什么是建构的、什么是建构得好的、什么是有效的、什么是无效的，每一种实存都给出了不同的定义。每次我们去电影院或看话剧时，我们都会评估故事和人物是否站得住脚。因为如果不成立，它就是失败的，你所耗费或采用的一切都白费了！创作电影、写作或编辑书籍的人也会问自己同样的问题。这些问题是具体的，因为小说不是基于“吕西安·德·吕邦泼雷是否真的出生在这个或那个地方”这样的问题——这样的问题没有任何意义。相反，这是小说特有的一种界定方式，每次都能让人对他者有新的理解。这是一个异常强大的真理原则。它在科学上并不正确，原因很简单：“科学正确”只是其他真理生产方式中的一种，小说、政治、宗教和技术都以各自的模式来生产真理。

让我们回到你的问题：“哲学是什么？”如果让我以一个即将结束职业生涯的老人的身份来回答，或者按照你的精彩引述，我会说它不是一种元语言。它不是“存在之所为存在”。它不是定义其他一切的基础或支撑，也不是所有其他东西的基本结构。哲学是一种谦卑的实践，它也依赖于写作上的涂涂画画。但它是不可或缺的。在高中最后一年的第一堂课上，哲学深深地吸引了我。我说，“我是一个哲学家”，因为我发现自己陷入其中不能自拔。我曾是一名经验论哲学家，因此，哲学是一种可操作的方式，这种方式让各种实存模式得以并存，它允许我们在各种模式之间，在它们试图相互吞噬的地方，在我称之为范畴错误的地方，找到我们的方向。这些范畴错误不胜枚举，观察和研究它们非常有趣。科学家说“因为我是好人，穿着白大褂，所以我说的一切都是科学的”就是一个例子。他把自己说成科学和科学真理的代言人，实际上他既没有实验室，也没有同事，也没有任何使他能够代表科学和科学真理说话的巧妙手段，这就犯了范畴错误。

这就是我所说的哲学。首先，它必须是集体性的。它需要与他人合作，确定如何维持不同的模式，设法相互尊重，而不是试图吞噬对方。这对于政治、宗教和科学之间的关系至关重要。如果不建立区分不同模式的标准，我们就无法继续下去，这样它们就不会互相吞噬。哲学是非常重要的，在这个时代至关重要，因为只有哲学才能防止各种模式相互摧毁。这种区分标准必须通过经验来研究。哲学的作用不是评判，而是成为微妙的小程序，以发现类别错误，并说："你在这里说的在政治上是真实的吗？"或者反驳那些认为"但政治没有真理可言，我会做任何事情，重要的是获胜"的人，并回答说："不，有一个我们必须要尊重的政治真理。"这在科学领域亦是如此，科学家们开始说，只要他们是科学家，他们就可以横行天下。

这与康德的三大批判不无关系，但与之不同的是，康德将自己确立为和平的裁决者，即他找到了解决问题的办法。我认为这种态度在今天行不通，哲学并非如此。哲学必然是试错。我们需要找到一种集体经验机制，使我们能够保持和维护模式的多样性——这或许就是我的贡献，或者至少是我的爱好!

张：那么，我们是否可以说，哲学不是一座或多座神殿的守护者，而是多种实存模式的守护者?

拉图尔：是的，海德格尔说哲学是“存在的牧羊人”。我们可以再次使用这一说法，因为哲学的确有某种牧羊人的特质，但它的意义完全不同，牧羊不是成为领袖，而是试图避免狼对羊的屠戮，以及各种羊群内部的争斗。与元语言相比，哲学的角色要谦逊得多，因为元语言最终将使我们有可能说出世界是什么。但哲学也并非无足轻重，因为它要求时刻关注范畴错误，关注其他模式及其相互倾轧吞噬的倾向。哲学实践的要求很高，我们不能忘记将其本身视为实存模式体系中的一种实存模式。

正如伟大的哲学家威廉·詹姆士所说：“哲

学就是尊重介词。”它还意味着尊重和理解副词：“科学上”是什么意思？“法律上”是什么意思？“政治上”“宗教上”又是什么意思？如果你想讲科学，你必须能够证明这一点。如果你说你在虚构，你也必须能够证明这一点。如果你说“从技术上来说”，那就必须行得通。最后，如果你声称自己是“从司法上来说”，那么这个非常特殊的法律联系（需要花点时间才能找到），必须能够有效地成立。

张：我发现，以这种方式理解“存在的牧羊人”这个说法，可以得出一个非常美妙的哲学定义。

拉图尔：这与海德格尔的意思大相径庭。

张：哲学家是存在的牧羊人，但无需为羊群给出正确的导向！

拉图尔：美哉，哲学！

张：哲学何以如此之美？

拉图尔：我不知道该如何回答这个问题，只能为之热泪盈眶。哲学——哲学家们都知道——是一种壮丽的思想形式，它对整体感兴趣，却从未触及整体，因为它的目的不是触及整体，而是热爱整体。“爱”是哲学的关键词。

张：智慧之爱！

拉图尔：显然，这是一种无法触及的智慧之爱……但归根结底，这就是对问题的回答。开个玩笑！

‡ 第十二章　致李洛

张：拉图尔先生，您想对一个人，一个公民，一个读这本书时将年满四十岁的地球人说些什么？您有三个孙子，包括一个一岁大的孙子李洛（Lilo）。您想对李洛说什么？

拉图尔：对于四十岁的人，你能说什么呢？我不是索莱尔夫人（Madame Soleil）！我想首先告诉李洛，我想他未来的头二十年会很艰难，他做好准备是绝对正确的。我希望他学习地球化学或生态学，但我不会这些东西。

过去我们的生活条件发生了巨大变化，但我们对于这些变化的反应迟钝得令人难以置信，这部分是因为前几代人，特别是我们这一代人的过错，显然，我们不会那么快开始创造宜居的环境。我们这一代人将承受前些年无所作为的后果。那将是自然科学所预言的灾难降临到他们头上。显然，我想给李洛的第一个建议是：“在未来的二十年里，一定要寻找一切可能的手段，来抵御人们的生态焦虑！我们必须让我们的子孙后代掌握某些治疗方法，避免人类走向绝望。”

你让我做的这项工作真的很困难！所以，我冒昧地做一个完全没有根据的假设：把眼光放远一点，放四十年后可能会更好。因为如果我们从世代相传的角度来看，未来二十年可能会更好；我们可能会最终把握住我们所处的位置，换句话说，我们会持续着陆。前二十年以及我们今天正在经历的大量变革和灾难，最终都将新陈代谢。我们将找到使我们能够渡过难关的政治体制、法律定义、艺术、科学，可能还有转型后的经济条件。

宣布末日降临，并非我作为爷爷的职责，也不是哲学家的职责。这二十年会很艰难，但我认为，接下来的二十年会找到办法，恢复我们现在所处时期中断的文明进程。如果我们设想，四十年后我会与李洛见面，那么到那时，我们将一起回顾历史，回顾我们所陷入的否认、无知和不理解生态状况的时期，也就是我所说的现代的悬置期。我们将一起把它看作一种奇怪的东西，就像我们今天看十三世纪的罗马教会的教堂一样，我们会感觉到教堂的形式十分怪异。不过，在基督教的时代，教堂非常重要，基督教时代创造了十分伟大的东西，但那些东西业已日暮西山。这是我对李洛最美好的祝愿。

致 谢

这些访谈在很大程度上要归功于与维罗妮卡·卡尔沃（Veronica Calvo）和布鲁诺·卡森提（Bruno Karsenti）的预备性对话。他们都是拉图尔先生的好友，熟悉他的作品，一直陪伴这部作品直至出版。罗丝·维达尔（Rose Vidal）对文本进行了改写和重新编辑，使其保留了讨论的口头性质，并始终关注保持其文字流畅。本次访谈的缩编版曾经发表在2022年10月11日的《世界报》上。最后，十分重要的是，尚塔尔·拉图尔从一开始就支持这一项目，并帮助确保对话在尽可能好的条件下进行，这要归功于她的信任、她的坚持不懈和她的宽仁关怀。在此，我向他们表示最诚挚的谢意，并通过他们向所有促成本项目的人表示最衷心的感谢。

尼古拉·张

译后记

这是布鲁诺·拉图尔生前的最后一次对谈，对谈人为法国著名越南裔记者尼古拉·张。

这本书的书名很有意思，法文是Habiter la terre，直译过来就是“住在大地上”。但这个说法很容易让我们联想到十九世纪德国著名浪漫派诗人荷尔德林撰写的诗句：“人生在世，成就斐然，却依然诗意地栖居在大地上。”在后来的海德格尔的阐释中，这一诗句被简化为：“人，诗意地栖居着。”不过，就荷尔德林的原诗来说，不能忽略“诗意地栖居着”的前提，即“人生在世，成就斐然”，而里面的一个连接词是“却”，这意味着“人生在世，成就斐然”与“诗意地栖居在大地上”是截然相反的状态。我们或许可以这样来理解：无论个人还是集体的社会，他们或许在理性和知识的感召下，取得了现代性的巨大成就，但这些成就，相对于“诗意地栖居在大地上”不值一提。原因不仅仅在于，我们不可能脱离大地，变成无根基的深渊中的存在者，更重要的是，这里需要的是诗意，而不仅仅是知识和理性的桎梏和征服。人在理性和现代化的成就之下，放低姿态，回归那个孕育众生的大地，在这里以诗意的方式，祥和地品味着自然的韵味。在“人生在世，成就斐然”一句中，人和大地是分离的，人将自己的成就凌驾在大地之上，仍然坚信他能秉持自己的“知识就是力量”的信条，创造一座新的通天塔。但追求创造通天塔的丰功伟业的人类不能忘记，脱离大地，就意味着自己丧失了孕育众生的自然环境，也意味着自己陷入真正的无根基状态，最终会在无尽的深渊里将自己的生命损耗殆尽。那么，对于生存于大地上的人们来说，我们不仅仅居住在大地之上，而且需要诗意地栖居，诗意地栖居意味着人类需要在大地之上筑造自己的家园，家园与大地是融为一体的。这就是海德格尔所说的“栖居的诗意也仅仅表示诗意能够以某种方式出现在栖居当中，因此我们便可把‘人，诗意地栖居着’这句话理解为‘诗意让栖居变成了人类的某种生活方式’”。

尽管在法文书名中，拉图尔并没有使用“诗意地”（poétiquement）这个副词，但他有着与荷尔德林和海德格尔同样的理解。启蒙以降，尤其在工具理性和经济理性占据主导地位的时代里，人的理性和科学知识成为凌驾于一切之上的尺度和标准，仿佛我们只要根据科学的理性精神依次前进，就能找到最终的真理。对于这样望着天上的真理的人类来说，重要的不再是支撑我们站立的大地，而是天上的天国和真理。在他们的语言中，真理的理性将使人类变成天空的生物，人类在真理的视角下睥睨万物。从此以后，以人类为重的科学知识和观念，成为脱离所谓“空乏”自然的哲学，哲学精神也在这种理性光辉的照耀下，使人类有勇气将人类世界与自然世界分离开来，用高贵的主体精神，来超越卑微的自然的客体，让人类的世界精神，成为万事万物运转的动力装置。

在科学研究中，这种主体精神也成为支撑着科学发现和进步的动力。早期的拉图尔就是一位科学哲学家和科学社会学家，他的研究目的就是探讨科学知识是如何在社会中产生的。例如在他的早期著作《实验室生活》中，他就发现了一个有趣的现象。在实验室里，一个科学发现究竟是因为科学家的聪明才智、敏锐的观察力和睿智的思考力，还是另有原因？在长期的科学发展史中，人类更愿意相信是拉瓦锡发现了氧化原理，罗伯特·虎克发现了细胞，而巴斯德发现了微生物与人类疾病之间的关系。我们即便不将某一科学发现和发明归功于某位科学家个人，也会将之归功于其团队。在这样归类的时候，我们或许会忘记一个重要条件：实验室里的物质环境，也是促成科学发现不可或缺的一环，再聪慧的科学家，在实验室之外，仅仅依靠自己的冥想，也很难创造出足以改变世界的发明。相反，在实验室里，"每件仪器都与特定技能组合而成专门装置，触针与针头得以划过图册表面。每条曲线赖以存在的一连串事件太过冗长，无论观察者、技术员或科学家，谁都无法记住。然而每个步骤都至关重要，一旦遗漏任意一个抑或处理不当，整个科学进程就会失效。"[1]换言之，实验室里的科学发现是科学家及其团队成员和实验室里的各种仪器、设备，甚至微生物环境结合组成的缔合环境共同作用的结果，没有这些物质环境，科学发现将是

1 ［法］布鲁诺·拉图尔、［英］史蒂夫·伍尔加：《实验室生活：科学事实的建构过程》，修丁译，上海：华东师范大学出版社2023年版，第70页。

十分蹊跷的事情。但我们叙述科学史的时候，往往只会关注那些做出巨大贡献的科学家。我们记住了牛顿、伽利略、法拉第、特斯拉、麦克斯韦、爱因斯坦、海森堡、奥本海默等名字，但忽略了他们工作的实验室的物质环境，他们的科学发现与孕育这些科学成果的实验室环境密不可分，里面的每一个仪器、每一个装置，甚至用来记录数据的笔记本都在其中发挥着重要作用。换言之，实验室环境已经组成了巨大的整体，它是作为一个网络在运作，科学发现是这个网络运作的结果。

或许，在这个基础上，我们可以理解，为什么拉图尔会创建一个关于科学社会学研究的新体系：行动者网络理论（ANT）。以往的科学技术研究（STS）往往将科学技术发展的过程看作人类行为人之间作用的结果，并且关注这些行为人的主体观念和思维对科学技术的贡献。拉图尔在这个方面的贡献是，他用一个带有非人性质的“行动元”（actant）概念取代了人类的“主体”（subject）和“行为者”（agent）概念，这里的行动元，可能是人，也可能是实验室的动物，如被解剖的青蛙、参与实验的小白鼠，还可能是设备和仪表，甚至可能是实验室环境中的微生物。用拉图尔自己的话说，“这是从符号学中借用的一个词语，其内涵也涵盖了非人类”[2]。或许只有通过这个带有非人类的内涵的行动元概念，我们才能破除人类与非人类、主体与科学、社会与自然之间的二分法，用同时包含人类和非人类的行动元概念，组成一个参与科学过程的网络，我们可以称这个网络为行动者网络。

拉图尔并没有将行动者网络理论局限在科学技术研究的范围之内，而是将其视为重构社会理论的基础。他2005年的著作《重组社会：行动者网络理论导论》（*Reassembling the Social: An*

---

2 ［法］布鲁诺·拉图尔：《潘多拉的希望：科学论中的实在》，史晨、刘兆晖、刘鹏译，上海：上海文艺出版社2024年版，第412页。

Introduction to Actor-Network-Theory）就将行动者网络理论变成了覆盖整个社会的理论基础，这让拉图尔一下子从早期的科学哲学家和科学社会学家，变成一个社会哲学家。而行动者网络理论，进一步让他将这个网络从局部社会扩大为覆盖整个世界的巨型网络，他与法国生态哲学家伊莎贝尔·斯唐热共同提出的盖娅理论，实际上就是行动者网络理论的扩展版，即整个地球构成了一个巨型的盖娅网络，整个盖娅就是涵盖了人类存在者和所有非人类行动元的行动者网络。拉图尔在他的《面对盖娅》一书中侃侃而谈：

盖娅假说再简单不过：生物并非居住于环境，而是塑造了环境。我们所谓的环境，是生物的扩张、成就、发明、学习的结果。这不只证明地球是活的，还证明了：我们在地球上所经验到的一切，都是生命体的行为所带来的，完全出乎意料，是次要的、无意之间的结果。包括大气层、土壤、海洋的化学成分，道理都跟白蚁造窝，或河狸筑堤一样：窝或堤本身都不是活的，可是，假使没有生命体的话，它们也不会出现。所以说，盖娅的构思并非要为地球灌注灵魂，也非为生命添加某种意向，而是要我们认识生物的奇妙工程，了解它们如何塑造出它们自己的世界。[3]

这样，以盖娅理论为代表的生态思维，塑造了拉图尔人生最后阶段的一系列思考。在他看来，人类要生存，就需要为这样的盖娅体制而抗争。他甚至引用马克思、恩格斯在《共产党宣言》中所说的无产阶级和资产阶级的对立，提出了阶级对立今天仍然存在，不过已经换成了生态阶级与资产阶级的对立。资产阶级忽略了非人存在者和行动元的价值，从而将人类的行为看成资本主义获取利润的唯一途径，所以他们的生产和

---

3 ［法］布鲁诺·拉图尔：《面对盖娅：新气候体制八讲》，陈荣泰、伍启鸿译，台北：群学出版有限公司2019年版，第25页。

进步无一例外都是建立在忽略盖娅的生态机制基础上的，我们的环境遭到破坏，全球变暖和灾难性气候的出现，在拉图尔看来，都是人类忽视盖娅这个巨大的行动者网络的恶劣后果。为了捍卫人类的生存空间，为了让我们可以在大地上栖居，我们需要捍卫盖娅，捍卫这个由人类和非人类行动元共同组成的行动者网络，这就需要生态阶级的崛起。在拉图尔2022年出版的《生态阶级备忘录》中，他开宗明义地提出："生态阶级如果想要继承这一传统，就必须接受马克思主义传统的这一教训，并根据其存在的物质条件来定义自身。新的阶级斗争必须与旧的阶级斗争一样以唯物主义为基础。正是在这一基本点上存在着连续性。"[4]

以生态阶级的抗争，换取人类得以栖居的大地，这就是拉图尔最后的希望。他在晚年不断地

4　Bruno Latour, *Mémo sur la nouvelle classe écologique*, Paris: Empêcheurs de penser rond, 2022, p.15.

为这个目的组织团体、举行展览，让更多人可以共同栖居在这片大地上。他指出，我们需要知道我们在何方，我们可以着陆在何处。人类不是空中的无根基的生物，人类不能脱离盖娅的生态体制存在，更不能将自己凌驾于非人行动元和大地之上。栖居于大地，也就是为人类和其他非人行动元筑造一个可以栖居的地方，告诉人类，他们的居所不在天国，而是在大地上。人类的使命不是建造空中楼阁，而是在大地上诗意地栖居着，筑造一个与大地万物共生共荣的家园。

最后，我回想起自己2017年在上海与拉图尔教授有过一面之缘，与拉图尔教授交流了一些问题，收益良多。可惜拉图尔教授已经于2022年离我们远去，没有将他晚年恢宏的理论思考和实践的画卷完全展开，至为可惜。

我个人并不是拉图尔的研究者，也不进行科学社会学的研究，读拉图尔纯粹是一时兴趣。这本《栖居于大地之上》是我偶然读到的，它可以被视为拉图尔对自己一生的思想的概括，对于那些不太了解拉图尔思想的读者来说，是一本可以轻松阅读的小书。这本书的引进，得力于广西师范大学出版社的“大学问”团队，尤其是梁鑫磊编辑的鼎力支持，他们细致耐心的编辑和校对工作，让译稿增色许多。我还要感谢我的挚友的长期支持，北京大学的李洋教授，清华大学的夏莹教授，中国人民大学的李科林教授，华东师范大学的吴冠军教授、姜宇辉教授、王嘉军教授，北方工业大学的董树宝教授都是与我一起坚持学术思考的同伴。最后，关于拉图尔的思想，我也曾经向我的同事——南京大学哲学系的刘鹏教授请教，在此一并表示感谢。

蓝江

“大学问”品牌书目一览

大学问，广西师范大学出版社学术图书出版品牌，以“始于问而终于明”为理念，以“守望学术的视界”为宗旨，致力于以文史哲为主体的学术图书出版，倡导以问题意识为核心，弘扬学术情怀与人文精神。品牌名取自王阳明的作品《〈大学〉问》，亦以展现学术研究与大学出版社的初心使命。我们希望：以学术出版推进学术研究，关怀历史与现实；以营销宣传推广学术研究，沟通中国与世界。

截至目前，大学问品牌已推出《现代中国的形成（1600—1949）》《中华帝国晚期的性、法律与社会》等80多种图书，涵盖思想、文化、历史、政治、法学、社会、经济等人文社会科学领域的学术作品，力图在普及大众的同时，保证其文化内蕴。

“大学问”品牌书目

大学问·学术名家作品系列

朱孝远 《学史之道》
朱孝远 《宗教改革与德国近代化道路》
池田知久 《问道:〈老子〉思想细读》
赵冬梅 《大宋之变，1063—1086》
黄宗智 《中国的新型正义体系：实践与理论》
黄宗智 《中国的新型小农经济：实践与理论》
黄宗智 《中国的新型非正规经济：实践与理论》
夏明方 《文明的“双相”：灾害与历史的缠绕》
王向远 《宏观比较文学19讲》

张闻玉 《铜器历日研究》
张闻玉 《西周王年论稿》
谢天佑 《专制主义统治下的臣民心理》
王向远 《比较文学系谱学》
王向远 《比较文学构造论》
刘彦君 廖奔 《中外戏剧史（第三版）》
干春松 《儒学的近代转型》
王瑞来 《士人走向民间：宋元变革与社会转型》

大学问·国文名师课系列
龚鹏程 《文心雕龙讲记》
张闻玉 《古代天文历法讲座》
刘　强 《四书通讲》
刘　强 《论语新识》
王兆鹏 《唐宋词小讲》
徐晋如 《国文课：中国文脉十五讲》
胡大雷 《岁月忽已晚：古诗十九首里的东汉世情》
龚　斌 《魏晋清谈史》

大学问·明清以来文史研究系列
周绚隆 《易代：侯岐曾和他的亲友们（修订本）》
巫仁恕 《劫后“天堂”：抗战沦陷后的苏州城市生活》
台静农 《亡明讲史》
张艺曦 《结社的艺术：16—18世纪东亚世界的文人社集》
何冠彪 《生与死：明季士大夫的抉择》
李孝悌 《恋恋红尘：明清江南的城市、欲望和生活》
李孝悌 《琐言赘语：明清以来的文化、城市与启蒙》

孙竞昊 《经营地方：明清时期济宁的士绅与社会》
范金民 《明清江南商业的发展》
方志远 《明代国家权力结构及运行机制》

大学问·哲思系列
罗伯特·S. 韦斯特曼 《哥白尼问题：占星预言、怀疑主义与天体秩序》
罗伯特·斯特恩 《黑格尔的〈精神现象学〉》
A.D. 史密斯 《胡塞尔与〈笛卡尔式的沉思〉》
约翰·利皮特 《克尔凯郭尔的〈恐惧与颤栗〉》
迈克尔·莫里斯 《维特根斯坦与〈逻辑哲学论〉》
M. 麦金 《维特根斯坦的〈哲学研究〉》
G·哈特费尔德 《笛卡尔的〈第一哲学的沉思〉》
罗杰·F. 库克 《后电影视觉：运动影像媒介与观众的共同进化》
苏珊·沃尔夫 《生活中的意义》
王　浩 《从数学到哲学》
布鲁诺·拉图尔　尼古拉·张 《栖居于大地之上》

大学问·名人传记与思想系列
孙德鹏 《乡下人：沈从文与近代中国（1902—1947）》
黄克武 《笔醒山河：中国近代启蒙人严复》
黄克武 《文字奇功：梁启超与中国学术思想的现代诠释》
王　锐 《革命儒生：章太炎传》
保罗·约翰逊 《苏格拉底：我们的同时代人》
方志远 《何处不归鸿：苏轼传》

大学问·实践社会科学系列

胡宗绮 《意欲何为：清代以来刑事法律中的意图谱系》

黄宗智 《实践社会科学研究指南》

黄宗智 《国家与社会的二元合一》

黄宗智 《华北的小农经济与社会变迁》

黄宗智 《长江三角洲的小农家庭与乡村发展》

白德瑞 《爪牙：清代县衙的书吏与差役》

赵刘洋 《妇女、家庭与法律实践：清代以来的法律社会史》

李怀印 《现代中国的形成（1600—1949）》

苏成捷 《中华帝国晚期的性、法律与社会》

黄宗智 《实践社会科学的方法、理论与前瞻》

黄宗智 周黎安 《黄宗智对话周黎安：实践社会科学》

黄宗智 《实践与理论：中国社会经济史与法律史研究》

黄宗智 《经验与理论：中国社会经济与法律的实践历史研究》

黄宗智 《清代的法律、社会与文化：民法的表达与实践》

黄宗智 《法典、习俗与司法实践：清代与民国的比较》

白 凯 《中国的妇女与财产（960—1949）》

大学问·雅理系列

拉里·西登托普 《发明个体：人在古典时代与中世纪的地位》

玛吉·伯格等 《慢教授》

菲利普·范·帕里斯等 《全民基本收入：实现自由社会与健全经济的方案》

田 雷 《继往以为序章：中国宪法的制度展开》

寺田浩明 《清代传统法秩序》

大学问·桂子山史学丛书

张固也 《先秦诸子与简帛研究》

田　彤 《生产关系、社会结构与阶级：民国时期劳资关系研究》

承红磊 《“社会”的发现：晚清民初“社会”概念研究》

其他重点单品

郑荣华 《城市的兴衰：基于经济、社会、制度的逻辑》

郑荣华 《经济的兴衰：基于地缘经济、城市增长、产业转型的研究》

王　锐 《中国现代思想史十讲》

简·赫斯菲尔德 《十扇窗：伟大的诗歌如何改变世界》

北鬼三郎 《大清宪法案》

屈小玲 《晚清西南社会与近代变迁：法国人来华考察笔记研究（1892—1910）》

徐鼎鼎 《春秋时期齐、卫、晋、秦交通路线考论》

苏俊林 《身份与秩序：走马楼吴简中的孙吴基层社会》

周玉波 《庶民之声：近现代民歌与社会文化嬗递》

蔡万进等 《里耶秦简编年考证（第一卷）》

张　城 《文明与革命：中国道路的内生性逻辑》

蔡　斐 《1903：上海苏报案与清末司法转型》

洪朝辉 《适度经济学导论》

秦　涛 《洞穴公案：中华法系的思想实验》

李竞恒 《爱有差等：先秦儒家与华夏制度文明的构建》